系統樹思考の世界
すべてはツリーとともに

三中信宏

講談社現代新書

1849

Alles mit Stammbaum und nichts ohn' ihn.
万物は系統樹とともにあり、それなしには何ものもありえない。

目次

プロローグ　祖先からのイコン——躍動する「生命の樹」

これでぼくも
三十歳だなんて
少しどきっとした。

でも放浪癖は
きっと
手の施しようがない。

（パウル・クレー、一九〇九年、高橋文子訳）

1　あれは偶然のことだったのか……

三十一歳で初めて常勤の職が得られたのは、今にして思えば偶然だったのかもしれないし、ひょっとしたら思い違いの結果かもしれません。一九八〇年代半ばの日本の研究環境といえば、農学博士の学位とりたてではほとんど就職には何のメリットもなく、現在のようにさまざまな非常勤の研究職ポストがあったわけでもありません。必然的に、「オーバー・ドクター」（今では死語）たちは、日々の生活を送るのにみなそれぞれ苦労していました。

私が在籍していた研究室は、農学部のなかでも「生物測定学（バイオメトリクス）」を専門とする、国内でも数少ない研究室でした。数理統計学・統計遺伝学・数理生態学など農学の中でももっとも数学寄りの研究テーマをもった学生や院生がそろっていて、大型コンピュータをつかった研究が目立っていました。他の多くの（もっと生物寄りの）研究室とは大きく異なっていた当時の生物測定学研究室は、日常的な研究活動でも周りからは浮いていたし、院生の就職率の低さでも群を抜いていたと記憶しています。

同時代の他の多くのオーバー・ドクターたちと同じく、何回かの就職活動の失敗を経験していたある日、大学の指導教官から「つくばにある農水省の研究所で選考採用の話があるのだが受けてみないか」と言われました。またどうせダメだろうと思いつつも、必要書類をそろえて霞ケ関の農林水産技術会議事務局というところに提出しました。

選考採用というのは、研究者のいわば「一本釣り」でして、ある特定の専門的知識や技術をもった研究者を公務員試験とは別枠で採用する制度です。公募されている分野が狭く限定されているので、応募者にとっては博打《ばくち》のようなあやふやさがどうしてもつきまといます。

この選考採用で応募者に求められていたのは、生物の「画像解析」に関する知識と技術だったようです。生きものの形態を定量的に処理する手法は、現在ではたとえば人間を対象とする「生体認証技術（別の意味でのバイオメトリクス）」として一般社会に広く浸透しそうな気配がありますが、もともとは工学系で発展した画像処理技法を生物形態に応用したものです。

当時の農水省では、おそらくそういう生体画像を扱える研究者が少なく、その穴を埋めるために選考採用に踏み切ったということだったのでしょう。私はたまたま修士論文で定量的形態測定学の理論的研究をしていたこともあり、その関係で指導教官から応募してはどうかと声がかかったのだと思います。

数ヵ月後、実に意外なことに、書類審査と面接試験を経て選考採用試験は合格してしまいました。「ぼくみたいなのがつくばに行っていいのでしょうか」と訊いたところ、「ま、入ってしまえばあとは何とかなるんだよ」という指導教官の返事。「そんなものなのか」と観念して、その年の十月一日付で当時の農林水産省農業環境技術研究所の環境管理部計測情報科にあった調査計画研究室に配属となりました。

「あとは何とかなるんだよ」——確かに彼は正しかったと今にして思います。

2　進化的思考——生物を遍く照らす光として

世の中には数多くの「研究者」と呼ばれる職業の人々がいます。大学にいる研究者、企業にいる研究者、そして私のように国の（その後、独立行政法人となった）研究所に所属する研究者——それぞれ研究環境や文化・習慣が異なっているので、ひとくくりに論じるわけにはいきません。

私が配属された農業環境技術研究所という研究機関は、設立当初から農業環境に関わる基礎的な研究をする使命を帯びた職場だったので、より応用技術に主眼を置いた農水省の他の研究機関に比べると、研究環境としての雰囲気が独特かもしれません。

それでも、大学とは異なり、もともと学生や院生が出入りする場ではありませんので、知的な刺激を受けたり、自分の仕事を発表したりする場は「外」に求める必要がありました。研究者という仕事は「内」に籠《こも》っていたのではやっていけないのです。

選考採用された私に期待されたのは、生物形態の画像解析、とくに電子顕微鏡写真に基づく穀類の品質評価という研究テーマでした。数度の学会発表と研究成果報告をこなしているうちに、私は自分が関心を抱いてきたもうひとつのテーマを表に出して研究したいと考えるようになりました。それが系統学、すなわち系統樹を研究する学問でした。

研究活動を続けていると、ちょっとした偶然から新しい世界に踏み込んだり、あるいは異なる視点に遭遇する機会が少なからずあります。

修士課程に続く博士課程では、形態測定ではなく生物分類の理論が私の研究の中心でした。形態測定学は生きものの「かたち」を数字として扱う理論です。一方で、生物の「かたち」は、日常生活で私たちが行っているさまざまな分類行為（野生動物の判別、野草の見分け、果実の質の判定など）の基礎になっている情報源です。もちろん、ギリシャ時代のアリストテレス以来二千年におよぶ生物分類学の歴史もまた、そのような「かたち」をどのように解釈するかという大きなテーマを中に包んでいました。「いかにして分類するか」という問いかけは、単に科学の話にとどまらず、日常生活そのものに直結しています。

では、そもそも分類に用いられる「かたち」はどこからやってきたのでしょう。なぜニホンザルとワオキツネザルは互いに異なっているのに、イヌと比べればどちらもよく似ているように見えるのでしょう。

生物進化という考え方が広まる前は、それぞれの生きものは別々に神が創造したという個別創造論が、地上の生物の類似と差異を説明するよりどころでした。しかし、生物は進化するという認識が根付くにつれて、「起源」という問題意識がしだいに強まってきました。いま見られる生物は、過去をたどればある「起源」すなわち「祖先」に由来します。

過去に存在したであろうその起源（祖先）がわかれば、現在を理解することができる——チャールズ・ダーウィンが『種の起源』（一八五九年）の中で提示した「変化を伴う由来」（descent with modification）という進化を表す同義語は、まさに「起源」というものが生物界の理解の根幹であることを宣言したマニフェストでした。

もちろん、進化的思考（evolutionary thinking）は現代生物学にとって「家訓」にも等しい重みをもっています。高名な遺伝学者であるテオドシウス・ドブジャンスキーが全米の生物教師に向けた一九七〇年代のメッセージ、〈生きもののすべては進化という光に照らされなければならない〉がいまなお繰り返し碑文のように引用され続けているのは、単にアメリカがキリスト教に基づく創造論の本場だからという理由だけではありません。進化的にものを考えることにより、これまで説明がつかなかったことが一幅の絵のように整然とした論になるという期待が、多くの研究者により共有されているからにほかならないからです。

生物の「かたち」を出発点とすると、ミクロ方向に下れば遺伝子レベルの分子進化、少しマクロ方向に上れば個体の発生とからだの基本的なつくり、個体の生態・行動・心理もターゲットになります。さらにスケールを大きくすれば、集団レベルの遺伝学あるいは社会や文化もまた進化の光に照らされるでしょう。

認知科学者ダニエル・C・デネットが言うように、ダーウィンの「危険な思考」は、万物を溶かしてしまう「万能酸」のごとく、マクロからミクロにいたるあらゆるレベルの対象を覆い尽くし、どんな微細な隙間をも見逃したりしないかのようです。私たち進化学者はその威力を十分に知らないわけがありません。

しかし、はたしてそれだけでいいのか——進化的思考の普遍性あるいは一般性を強調するのは正し過ぎるほど正しいとしても、それだけでは〈生きもの〉の世界だけに閉じこもってしまうことにならないか。これが本書で私がお話ししようとすることです。

よくある「反進化」みたいな説を立てようという気持ちはさらさらありません。むしろ、さまざまな研究領域に散在する共通テーマをかき集めることにより、「汎進化」というもっと広いヴィジョンが可能なのではないかという問題提起です。

生物だけにかぎらず、もっと広い意味での「進化」を見る視点——それを以下では「系統樹思考」と呼びます。

3 系統樹思考——「樹」は知の世界をまたぐ

単純な事実とは——「進化」するのは〈生きもの〉だけではないということ。時間の経過とともに、生物と無生物の別に関係なく、自然物と人造物のいかんを問わず、過去から伝わってきた「もの」のかたちを変え、その中身を変更し、そして来たるべき将来に「もの」が残っていく。私たちが気づかないまま、身の回りには実に多くの（広い意味での）「進化」が作用し続けています。

生物進化については、現在多くの知見が得られています。遠くに目を向ければ、たとえば南米エクアドル沖の離島、ガラパゴス諸島でのダーウィン・フィンチという小鳥の嘴《くちばし》のかたちの多様性は、ビーグル号航海（一八三一～三六年）の途上、この島に上陸したダーウィンにとって、後に自然淘汰に基づく進化理論のきっかけになった有名な事例です。近くに目を向けると、駆除のため殺虫剤をかけ続けたハエの集団や、抗生物質を投与し続けた病原菌の集団からは、それらの薬剤が効かない「抵抗性」をもつタイプが高頻度で出現することがあります。これもまた自然淘汰による進化の身近な例です。

生物の「進化」がすでに一般社会でも広く知られているのに対し、それ以外の非生物の「進化」は必ずしもそれと気づかれていないことがきわめて多いようです。すぐそばにあるのに、そこに見えているのに、指摘されてはじめて気がつくことは珍しくありません。たとえば、この文章が印刷されている活字は明朝体ですが、他にもさまざまなかたちをもった書体（フォント）があります。コンピュータで文書をつくったことのある人ならば、インストールされている数多いフォント候補の中からどれを使えばいいのか迷った経験がきっとあるでしょう。

もっとも広く用いられている欧文書体（アルファベット）のひとつに「タイムズ」があります。これはスタンリー・モリスンによって造られ、一九三二年に公表された書体ですが、モリスンはタイムズ書体を鋳造するにあたって、過去の書体（十八世紀のキャズロン書体、さらにさかのぼって十六世紀のギャラモン書体など）を参考にしました。

しかし、活字の歴史はさらにさかのぼります。タイムズ、キャズロン、ギャラモンなどローマン体と総称される欧文書体のルーツは、いまはイタリアのとある広場に残されている紀元二世紀の「トラヤヌス帝の碑文」に求められます。そこに刻みこまれた書体こそ、現在にまで連綿と受け継がれてきた（「変化を伴う由来」という表現がぴったり）欧文書体群の「祖先」です。

活字製作者たちは、おしなべて過去に使用された書体の形状（エックスハイト、アセンダ、ディセンダ、アクシスなど活字書体にはさまざまな特有の解剖学的用語が用いられてきた）を綿密に観察し、取り入れるべき要素と新たに付加された要素を結合することによって独自の新書体を編み出してきました。トラヤヌス帝の碑文をルーツとするすべての欧文書体は、祖先書体にある変更を加えることにより造られた子孫書体とみなすことができます。

書体の時間的な変化のたどった経路は、一種のグラフによって図示することができます。このグラフを「系統樹」と呼びましょう。系統樹の根元には共通祖先（ここではトラヤヌス碑文）が置かれます。系統樹の枝は、祖先から子孫へのつながりを表しています。系統樹の末端から根元にたどることにより、ある書体が過去のどのような祖先書体に由来するものかが一目で理解できます。

このように、非生物であるはずの書体は、生物と一見まったく同じ系統樹という表現手段によって、祖先から子孫への由来の関係を図示することができます。

もちろん、生物と非生物では進化過程とその原因は大きく異なります。生物の場合は、集団内のランダムな遺伝的変異に対して自然淘汰が作用することにより進化が生じます。一方、書体の場合は、主として活字製作者の審美眼という基準に沿って新しい書体が造られます（もちろん、書体としての可読性という「淘汰」過程は作用するでしょう）。しかし、いずれの場合も、祖先から子孫への系譜の流れがあるという点では共通しています。系統樹はこの「系譜の流れ」を書き留める手段にほかなりません。

私たちはもともと「系譜」とか「系図」あるいは「系統」が大好きです。日常生活の中でも、出身地や家系あるいは出自が論議の的になることは少なくありません。それは人間だけにかぎったことではなく、他の生きものや食べものはもとより、思想や文化、そして

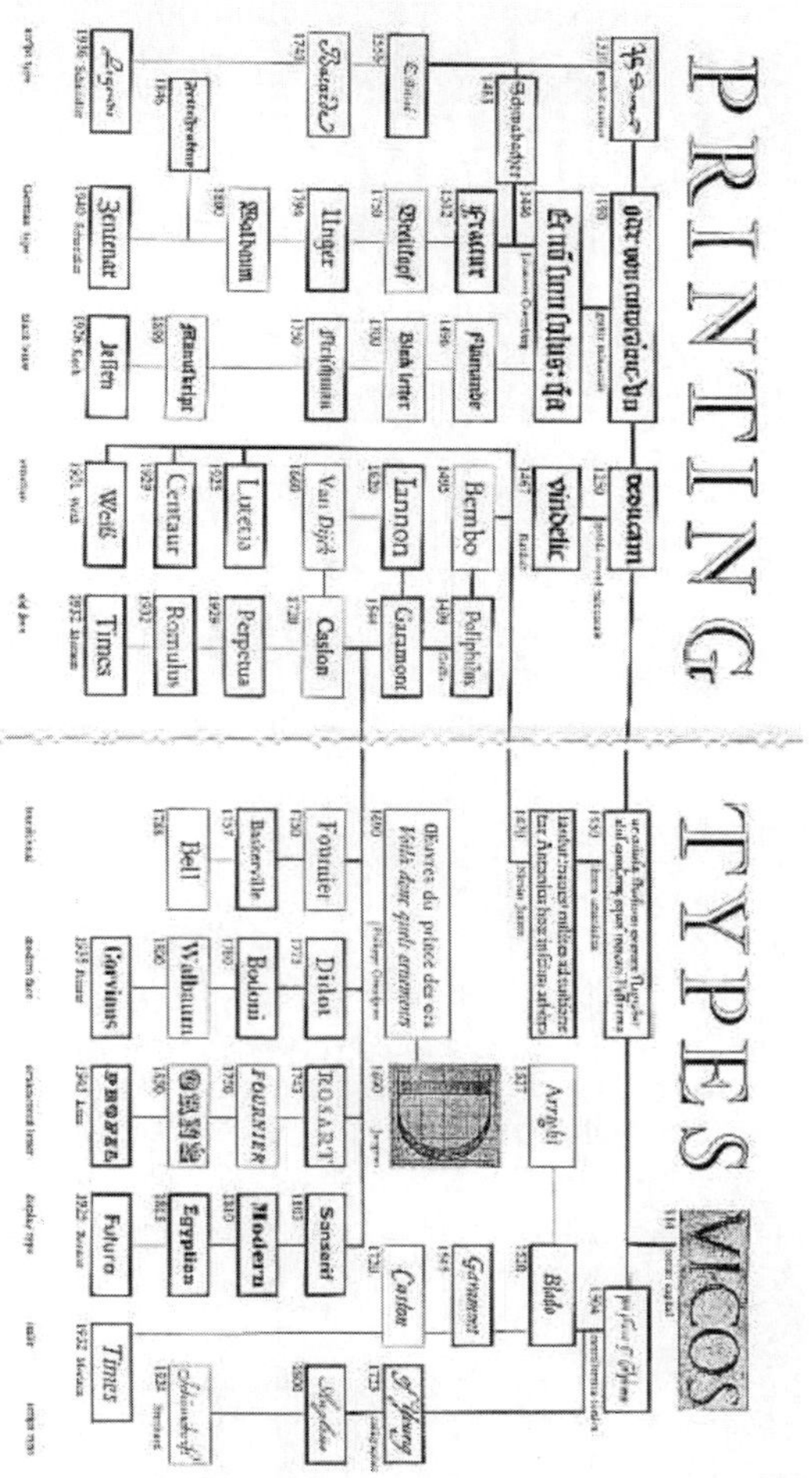

書体の系統樹（『Type : A Selection of Types』1949, Verlag Zollikofer & Co. 大西哲彦・亀尾敦『字の匠』2001年、アドビシステムズより転載）

銘柄や競馬にいたるまで広く深く浸透しています。本書ではたくさんの実例を出しますが、こんなところにまで系統樹が！とビックリするようなケースがいくつもあります。系統樹はごく身近な存在であることを知ってほしいのです。

系統樹は図示のための手段であると書きました。では、系統樹を描くことにより何がわかるのでしょう？――ここで「系統樹思考」というキーワードを出します。

自然界だけでなく日常生活の中でさえ、私たちの目の前にはさまざまなできごとやものごとが現れては消えていきます。そのような「もの」や「こと」はてんでばらばらに生じてくるのでしょうか。系統樹思考はまずはじめに「何か相互に由来関係があるのではないか」という問いかけをします。

多くの書体が現在用いられているという事実があるとしましょう。このとき、「これらの書体の間には相互に由来関係があるのではないか」と問いかけるわけです。ちょうど、さまざまな生物を前にした進化学者たちが「これらの生物の間には進化的な類縁関係があるのではないか」と考えるのとまったく同じ思考態度であり、ものの見方です。

もし実際に「由来関係」が見つかり、系統樹が描けたならば、現在私たちが見ているもの（たとえば書体）の背後には過去からの系譜の流れがあるわけです。そして、その流れに沿ってさまざまな特徴の変化のありさまをたどることができるでしょう。つまり、系統

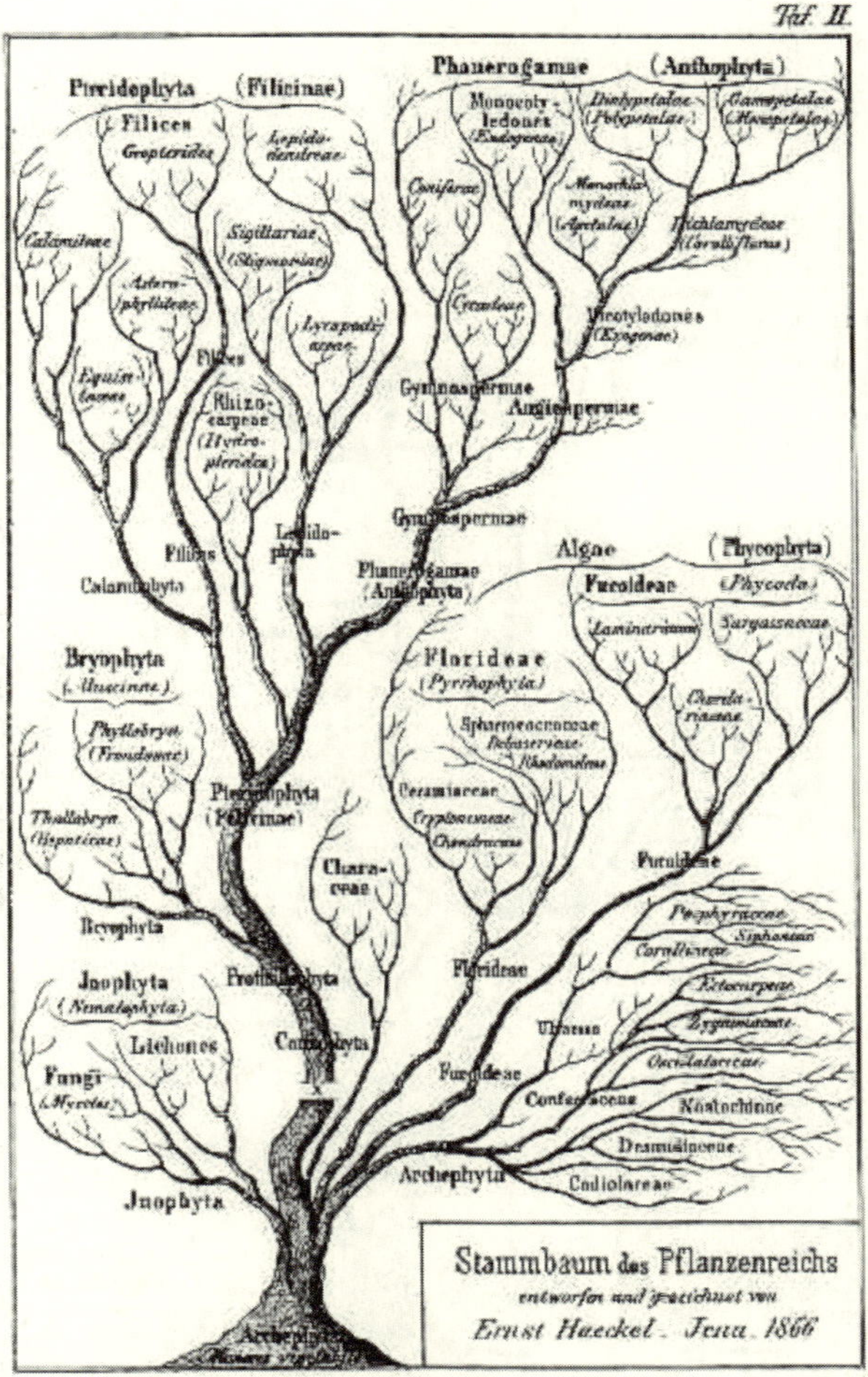

エルンスト・ヘッケルの描いた植物界の系統樹
(『Generelle Morphologie der Organismen』1866, Georg Reimer)

樹はさまざまなもの（生物・無生物）を系譜に沿って体系的に理解するための手段です。系統樹思考とは、そのような体系的理解をしようとする思考態度であると定義できます。

私たちは生物にしろ無生物にしろ、雑多なものをそのまま呑み込んで理解できるだけの能力をもち合わせてはいません。とにもかくにも対象物を分類し、少数のカテゴリーにまとめようとするのは、そうしなければ多様な相手を理解できないからです。

そのような認知分類的思考はいまでももちろん有効です。人間は誰でも無意識のうちに認知分類をしてきたし、今でもしています。それと同じくらい系統樹思考は私たちの理解を支援してくれると私は考えています。系譜をたどるのは「知りたい」という欲求があるからです。

系統樹という図は、一見互いに脈絡なく、人間の歴史を通じてさまざまな知的活動の分野に散らばって姿をあらわしてきました。進化生物学で系統樹が用いられるというのは、そのもっとも新しい出現例にすぎません。

「樹」というイコン（図像）の系譜は、考古学的には紀元前のメソポタミア文明にまでさかのぼれるそうです。「生命の樹（the Tree of Life）」という観念はその地で育まれたと考古学者は推定しています。「樹」が地上の生命を生み出したという考えは宗教学的な背景をもっていたようです。私たちが想像する以上に、「樹」という図像は人間の心の奥深くに根差しているのかもしれません。

本書では系統だけでなく系統樹そのもののルーツをも探してみようと思います。「生命の樹」はどのように系統樹思考を裏打ちしてきたのか、生物と非生物を区別しない「生命の樹」とは何か——これが私の問題提起です。

生命の樹：ヒエロニムス・ボッス作「快楽の園」の一部（プラド美術館蔵）

4　メビウスの輪——さて、これから彷徨いましょうか……

多くの研究者は自分の専攻分野をもっています。それは研究者としての出自（すなわち系譜）によるところが大きいし、経験してきた研究歴の影響も同程度に重要でしょう。

私の場合、オモテの専門は生物統計学ですが、ウラの専門は進化生物学です。もちろんウラといっても非合法的なことに手を染めているわけではありません。画家マウリッツ・コルネリス・エッシャーの描くメビウスの輪のように、ウラだと思っていたら実はオモテだった、オモテだったはずなのに気がついたらウラだったという程度の表裏の妙です。

農水省の研究所というと、研究員はみんな「実学」的な応用研究に邁進しているイメージが、一般にはきっとあるだろうと思います。しかし、実際には、一方で応用主体の研究が進み、他方で基礎的・基盤的な研究もある——真の意味で「懐」が深くないと、たくましい実学を実らせる太い根が張れないのです。私の研究課題は年度によって少しずつ重心が移りますが、理論的なテーマが中核であることにちがいはありません。その意味では、基礎的な研究に従事する研究員という位置づけになるでしょう。

基礎研究の根幹はアイデアに尽きると思います。どのようにすれば新しい考えや発想を掘り当てられるのか――おそらく研究者ごとに自分なりのスタイルがきっとあるでしょう。私の場合、それは知的に彷徨することでした。

彷徨《さまよ》うことは発見の道程でもあります。意外なところに地下の脈絡を発見したり、まんの些細な突破口から向こう側へのつながりが見えたり、上空から見下ろしてはじめて地形全体が読み取れる――地上の狭いエリアにとどまっていたのではけっして望めない視野が広がる可能性があります。もちろん失敗もよくありますが、それでもなおそれだけの価値はあると信じています。

毎日の業務（研究）をこなす上で、脇道に入り込んだり横道に迷いこむのは非効率的と言われることがあります。しかし、本書は、脇道や横道、山道や杣道《そまみち》こそ実は彷徨う価値があるのだという考えのもとに書かれています。私自身そういうスタンスでこれまで研究生活を送ってきました。

学問分野の仕分け（「〜学」というレッテル）それ自体が、十八〜十九世紀にかけてたまたま通用していた学問分類の体系を無意識的に継承してきたものに過ぎません。

今の社会では（学界でも同じですが）、たとえば自然科学とか人文科学・社会科学という学問の間には大きな隔たりがあるかのような先入観が幅を利かせています。そういう

「見せかけの壁」をつくってしまうのは、研究者の多くにとってはある意味では楽なことです。「見せかけの壁」の向こうのことはとりあえず知らなくても日々の仕事は進められますから。

しかし、たまには（いつもとは言わない）「見せかけの壁」の向こうに何があるかを垣間見るのも悪くはないでしょう。でも、私はさらに一歩進んで、そういう「壁」はもともとないのだと言ってしまいましょう。

系統樹思考のルーツをたどる旅をしていくと、人文科学や自然科学、実験科学や歴史科学、そして理系と文系というような「見せかけの壁」は縦横に乗り越えられてしまい、「錯覚の溝」はいたるところで埋められていることに気がつきます。いたるところにメビウスの輪があるということです。そういう擬似対立の図式は気軽に捨て去ることができると私は確信しています。

さ、では、そろそろ出かけましょうか。

古代メソポタミアでは、ティグリスとユーフラテスが合流して海に注ぎこみ、ランの仲間（southern marshes）がみごとに繁茂した。そして、あらゆる生命は原初の海の深淵から生まれ出たと考えられた。言うまでもなく、聖なる樹と生命を生んだ海との組合せは、古代の社会・神話・伝説・民俗の奥深くを貫いて流れる伝統であった。それは、原始時代から先史時代にかけて、かの地に現前した気候、地理、そして民族のもとでかたちづくられてきたのだ。

（E・O・ジェイムズ『生命の樹』、一九六六年、p.3）

第1章

「歴史」としての系統樹

——科学の対象としての歴史の復権

Em anseios d'alma para ficar bela,
Grita ao céo e a terra, toda a Natureza.
Cala a passarada aos seus tristes queixumes,
E reflete o mar toda a sua riqueza.

美しくありたいと心から願いつつ、
すべての自然が大空と大地に向かって叫んでいる。
その哀しい願いを前に、鳥たちの群れはさえずりを止め、
海はその豊穣な富を映し出す。

（エイトル・ヴィラ＝ロボス、ブラジル風バッハ第5番。詞：ルート・コヘア）

1　歴史はしょせん闇の中なのか？

多様性をいかに体系化するか

いま原稿を書いている図書室の書庫では、iPodのハードディスクがエイトル・ヴィラ＝ロボスの名曲〈ブラジル風バッハ第5番〉を再生中です。ソプラノ独唱にチェロ奏者八人が伴奏するというきわめて変則的な編成のこの曲の第一曲「アリア（カンティレーナ）」には、叙情的なヴォカリーズとともにポルトガル語の歌詞が付けられています。擬人化された自然（Natureza）を謡うその内容は、自然とそれが産み出したものに対して人々が抱いたであろう素朴な感情――それは人間とくらべて比較にならない「もの」に対するある種の親近感、ときには畏怖心となって現れてきたでしょう。

地球上に見られるさまざまな自然環境に呼応して、そこに住んでいる人間の社会と文化は地域ごとに異なる自然観を育んできました。それはもっと大きな世界観あるいは究極的には宇宙観の一部をなしていたでしょう。なぜこの世界は「ある」のだろうかという原初的な疑問は、どのようにしてそれが「生じた」のだろうかという対をなす疑問をともなっています。地域ごとに異なる動植物相に関する民俗的知識もまた、この大きな図式の中でとらえられてきました。

世界各地に分布している動物や植物に関してもっともよく知っているのは、その地域に長らく住んできた先住民です。そして、彼らのもっている民俗的分類体系は、〝地べたに近い目線の高さ〟での生物多様性を体系化したものといえます。

生きもののいる自然はそこに住む人間とともにひとつの「世界」をつくり、その中で文化や言語や制度が生まれ育ってきました。自然に関する神話や生成譚もその例外ではありません。おそらく、私たち自身が感じている以上に、心の深い部分にビルトインされた状態で、自然とその産物に対する原初的感覚はきっと残っているのだと推察されます。

生きものであろうとなかろうと、私たちは「もの」のもつ「多様性」に惹《ひ》かれます。なぜこれほど多くの生きものが世界にはいるのだろうかという驚き、そしてもっと深く知りたいという欲求は、十六〜十八世紀の大航海時代とそれに続く探検博物学の全盛期に、世界各地の未踏地域に分け入ったナチュラリストたちが共有していた探求精神だったでしょう。あるいは全世界に数千もあると言われる言語を網羅的に調べあげたり、ある遺跡から出土した遺物の考古学的研究をするとき、あるいは名も知れぬ修道院に伝わる古写本とその書体の由来に関心をもつとき、私たちはきっとナチュラリストになりきって好奇心の塊と化しているにちがいありません。

プロローグで書いたように、「系統樹思考」は多様性を系譜という観点から理解しようとします。どのような系譜をたどることで、現在私たちが見ている多様性は生じてきたのだろうか――この問いを立てることにより、多様なものを整理し、そして知識として体系づけようというわけです。

真の意味でばらばらに造られていないかぎり、生物だけでなく非生物の多様性も「系統樹」を共通のツールとして理解することができるはずです。私たちにとってなじみのある生物の系統樹とまったく同じ意味で、言語系統樹や写本系統樹はすぐにイメージできるでしょう。フォント系統樹や出土物の系統樹だって一歩進めれば見えてきます。蕎麦屋の系統樹や茶道家元の系統樹だって頭をひねるまでもなく私たちの目の前にあります。系譜や系図はそれくらいポピュラーなのです。

典型的な自然科学の五基準

しかし、由来や系譜がいくらポピュラーであるからといっても、それが簡単にわかるわけではありません。むしろ逆に、従来的な意味での「自然科学」の基準からいえば、系統樹は厄介者扱いされてきたと言っても言い過ぎではないでしょう。それはいまに始まったことではありません――「歴史学ははたして科学といえるのか？」という問題提起は、少なくとも人文科学の世界では、過去に何度も問い直されてきました。歴史を知るという行為そのものが、「科学」としての資格を満たすかどうか問われてきたのです。

いわゆる「自然科学」ということばを耳にしたとき、私たちは〝白衣を着て実験室内で試験管を振っている〟ステレオタイプな科学者をつい連想してしまいます。もちろん、そういう典型的な自然科学は実際にあります。実験系の物理学や化学や生物学のラボ（実験室）ではおそらく大方のイメージ通りの科学者が実在しているはずです。

そのような典型科学は、次に挙げるいくつかの基準を設けることにより、科学的知識を獲得しようとします。

第一に、「観察可能」であること――ある現象に関する仮説なり理論をテストするためには、それが直接的に観察できなければならないという基準。

第二に、「実験可能」であること――ある化学反応（炎色反応のような）や物理現象（重力のような）に代表される自然界の過程に関しては、実験することによってはじめて科学的な知見が得られるという基準。

第三に、「反復可能」であること――ある自然現象に関する知見が正しいものであれば、同じ実験結果はいつでもどこでも誰がやっても確実に得られるという基準。

第四に、「予測可能」であること——自然現象に関するある主張から導かれる予測を現実のデータに照らしてみることにより、その主張の正しさがテストできるという基準。第五に、「一般化可能」であること——現象に関する普遍的な法則性（万有引力の法則のように）として定式化できるという基準。

典型的な自然科学が要請するこれらの基準が、うまく運用できる場合は確かにあります。しかし、すべての科学がそうそううまく型通りのパターンに当てはまってくれるわけではありません。研究対象の性質上、それらの基準がもともと適用できないことは少なくありません。それが表面化するひとつの状況が「歴史」を対象とする研究分野です。

歴史は科学ではない？

なぜ歴史学では典型科学が満たすべきこれら五つの基準が当てはまらないのでしょうか。

その疑問に答えるために、こんな例を考えてみてください——ある物故した女性作家が生前に人知れずある短編小説を書いていて、草稿から完成稿までのいくつかの段階の原稿を残していたことが、没後初めて明らかにされました。それらの原稿を仮にA、B、Cと呼びましょう。「これらの原稿はどのような系譜関係にあるのか？」という問いかけは、一般に文献系図学上の問題とみなせます。ここでは、この例をとって、歴史を復元することがなぜ「科学」的に問題視されるのかを考えてみましょう。

もしもその作家が生きていたとしたならば、彼女の証言を直接的に得ることで、A、B、Cの三つの原稿の「真」の由来関係を解明することは不可能ではなかったでしょう。ひょっとしたら彼女は「B稿がもともとの草稿で、それを書き直した別の原稿Xをもとにして修正稿Aを書き、さらに後になってそれとは別の修正稿CをX稿を踏まえて新たに書いたのです」と証言したかもしれません。この場合、「真」の系譜関係は、散逸して残っていないX稿を含めれば、

B → X → A
　　 ↓
　　 C

という系統樹によって描けるでしょう（矢印は由来関係を表します）。

しかし、実に残念なことに、このような「仮定のはなし」は、原稿系図を復元するときには何の役にも立たないし、いかなる手がかりも与えないでしょう。このような仮想的状

況では、先に挙げた「科学的基準」のどれをとってもあてはめることはできません。

何よりもまず、過去の原稿執筆という歴史的事象を直接的に観察することはできません。したがって、「観察可能」という第一の基準に反します。今の例では私たちの目の前にある原稿A、B、Cだけが唯一の情報源です。そして執筆行為はもともとその作家のみに限定される一回かぎりのできごとなので、「実験可能」という第二の基準および「反復可能」という第三の基準はこれまた適用できません。さらに、その作家がすでに亡くなっている以上、「予測可能」という第四の基準をも満たしません。最後に、この作家に関し

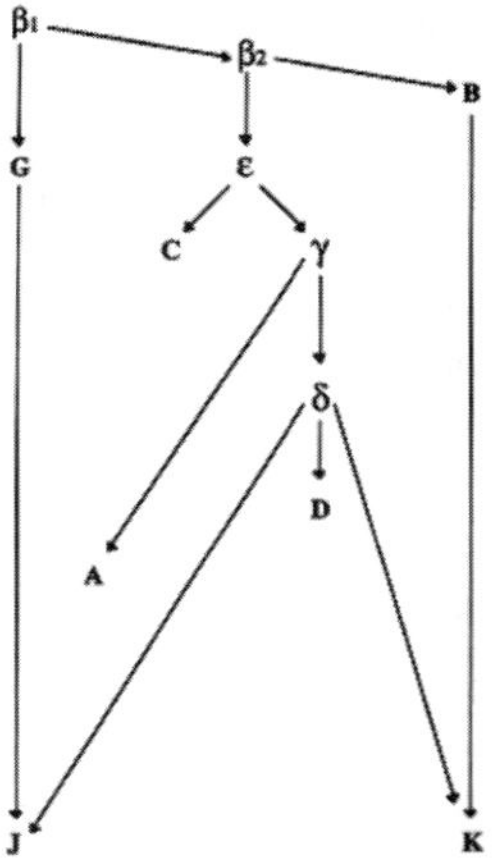

写本系図：12世紀のカンタベリーのエドマー作『聖ウィルフリトの生涯』の写本の系譜関係。ローマン大文字は現存する写本を、ギリシャ小文字は復元された祖本を表す（メルボルン大学芸術学部でウェブ公開されている図を転載）

ては当てはまったとしても、他の作家にも同じく当てはまる保証はありません。したがって、「一般化可能」という第五の基準もまた満足されないことがわかります。

このように、従来的な意味での「自然科学」の基準に照らすかぎり、この作家の原稿A、B、Cの系譜を推定するという行為は「科学ではない」ということになってしまいます。

科学の基準そのものを変える

歴史は科学ではない——上記の諸基準に照らしたとき、この評決は不可避であるように見えます。この評決に対する応答のあり方は二つあります。

一つの道は、たとえ歴史研究であっても、場合によっては一般化可能な言明をつくることは可能だという反論です。

たとえば、進化学の中でももっとも基礎的な進化過程に関わる理論(たとえば自然淘汰とか中立進化の理論)は、他のものと比べてより一般的な普遍理論として定式化できます。そして、遺伝子頻度のデータなどを用いることにより、繰り返しテストが可能な論理形式をもっています。このような進化の素過程は、ちょうど万有引力がいつでもどこでも作用するのと同じ意味で、生物の時空的な進化に常時作用する「力」とみなすことができます。「力」であるかぎり、その作用に関する仮説はデータにもとづくテストにかけることが可能です。害虫の薬剤抵抗性進化の事例で見られるように、ある抵抗性をもつ遺伝子の頻度が生物集団内でどのように変化していくかは、実測データによって実験的にテストすることができます。

しかし、この切り抜け方では、歴史研究のある一部分にしか「科学」の商標をつけることができません。

そこで、もう一つの道をたどってみましょう――それは「科学」ということばがこれまでまとっていたものを、いったん剝《は》ぎ取ってしまおうという選択肢です。典型科学が課していた上述の五基準を、どんな根拠があって他の科学にもあてはめようとするのか、それ以外の基準があり得るのではないか、という問題意識がそこにはあります。歴史学や進化学を無理に既存の科学の枠組みに押し込めるのではなく、むしろこれまでの科学の制約そのものを変えていこうという方針です。

しかし、このような反対弁論がそもそも可能になるためには、「歴史」すなわち過去に生じた現象に関する編年（年代記）あるいは叙述（物語）が、何らかの意味で「科学」的研究の対象となり得ることが示される必要があります。科学的方法は必ずしも単一ではなくてもよいだろうという主張は、えてして悪しき「相対主義」（〝何でもかまわない〟という科学論的スローガンがかつてありました）を誘い込む危険性があります。しかし、ここで私が念頭に置いている科学的方法の「複数性」は、そのような相対主義を許容するものではありません。

科学的な仮説や科学理論と呼ばれる資格をもつには、何らかの方法でその仮説や理論が経験的にテストされる必要があります。得られたデータや観察に対して、ある仮説や理論はどれくらいうまくそれを説明できるのか、あるいは説明できないのかを比較検討することで、私たちはある仮説が他の仮説よりもすぐれているとかおとっているという判断を下すことができます。裏返せば、そのような経験的テストをすることができない主張は、データに照らした相互比較ができないという意味で、科学的ではないと言わざるを得ないわけです。

「経験に照らす」ということは、科学的であるために避けては通れない洗礼です。自然現象に関する仮説は自然界から得られるデータによりテストされる。まったく同様に、科学に関する言説は実際の科学に関する知見によってテストされる——私の立場は、独り善がりな擁護を排して、ある主張の妥当性を誰もが評価できるよりどころは経験的データしかないだろうという立場です。

もちろん、実験科学のように、仮説をテストするための観察データが比較的得やすい場合もあるでしょう。他方で、過去の歴史に関する知見は相対的に得にくいでしょうし、不確実さやまちがう危険性も少なくないでしょう。また、現実の科学そのものに関する情報(たとえば科学者コミュニティの動向や背後関係)を得るときには、やはりさまざまな困難があると思います。しかし、それは程度のちがいにすぎません。重要なことは、私たちにデータの洗礼を受ける覚悟があるかどうかということだけです。

歴史を論じる科学は可能か?

科学的な主張のもつべき資格についてこのように考えてくると、先に挙げた五条件をやみくもに振りかざす理由はどこにもないことが理解できます。むしろ、個々の科学研究分野のもつ特性や制約の中で、いかにして仮説や主張を経験的にテストできるのかということに主眼を置くべきでしょう。

この観点に立つならば、進化学に代表される歴史科学を進めていこうとするときには、実験科学の基準を満たしているかどうかではなく、それとは異なる独自の基準(経験的テスト)のあり方に目を向ける必要があります。

二〇〇二年に惜しくも癌で亡くなった古生物学者スティーヴン・J・グールドは、その生涯に残した膨大な著作の方々で、歴史学の科学としての地位を擁護する発言を残しています。グールドは、ダーウィンの進化理論が後世に残したもっとも大きな知的遺産のひとつは、歴史が科学研究の対象となり得ることを、生物学や地学の具体例をいくつも挙げることにより立証したことだと言います。しかし、その意義は今なお正当には認められていません。

「歴史について推論することは、すべての進化研究にとって不可欠であるにもかかわらず、その信頼性に問題があったため、真に科学的な観点から過去を探究する上での障害となっていた。ダーウィンは、ガリレオが木星の月を観察したのに匹敵する信頼度で歴史を推論する方法が確立され例証されないかぎり、進化学はまともに扱ってもらえないだろうと考えた。それが彼をして歴史の推論規則を定式化させるきっかけになったのだ。私は『種の起源』こそこの規則を例証するひとつの長い論議だとみなしている。歴史の推論は、事実としての進化の立証ならびにメカニズムとしての自然淘汰の擁護の背後にあるもっと一般的な論点を提示している」（グールド 2002, p.99）

由来や系譜そして歴史を論じる科学の根本には、どのようにして歴史を推論するかという問題意識がつねにあります。その動機づけがあってはじめて歴史仮説を推論し、データに照らしてテストするという歴史科学的方法が成り立ちます。上記の典型科学の「五基準」とは別のスタイルで、歴史学はその科学としての存在意義を主張できるということです。グールドはさらに言います。

「まずはじめに歴史があることが他科学に進化論が与えた教訓であるならば、われわれは、科学の名に値しないただの叙述だからという理由で歴史を見捨てるのではなく、むしろ法則や類似性を探る源として歴史を尊重し、その意義を追究すべきである」（グールド 1986, p.68）

歴史学はどのような点で典型科学とは異なる別の学問たり得るのか――この問題に取り組む前に、科学のあり方を論じる科学哲学について、少しばかり脇道に入ってみましょう。なぜ歴史学は歴史的に二級科学とみなされるようになったのでしょうか。「いま」を見ているだけではその問いに答えることは難しそうです。そこで本道を少し外れて、近代的な意味での科学が分野別に分類されてきた経緯、そしてそういう仕分けされた科学を論じてきた科学哲学の過去をさかのぼってみましょう。

2　科学と科学哲学を隔てる壁、科学と科学を隔てる壁

「科学の基準」は一枚岩ではない

物理法則のような一般化を目標とする典型科学から見たとき、上記の五基準を満たさないタイプの科学、とりわけ人間社会の歴史あるいは生物の多様性や進化を対象とする科学は、ひとくくりに「記載的」とか「叙述的」あるいは「博物的」というひとまわり低い評価をこれまで受けてきました。

現代進化理論の基盤を一九四〇年代に築いた一人であるエルンスト・マイアーは、生物進化の研究は「切手蒐集」にも等しい行為と他分野の科学者からみなされてきたと証言しています。

しかし、前節で見てきたように、従来的な意味での典型科学を頂点とする単線的なヒエラルキーに沿った基準設定は、絶対的なものではありません。むしろ、物理学には物理学の基準があり、歴史学には歴史学の基準があるという複線的な理解と姿勢が別の選択肢としてあり得るでしょう。それらの基準の間に優劣がないのと同じく、科学の間にも優劣は

ないのです。

科学に関するこのような見解は、斬新でも革命的でもなく、科学という探究行為そのものが、ある系譜に沿って生成と消滅を繰り返す系譜を成しているという事実を考えれば、ごく自然な帰結として導かれてきます。その認識は、科学とその方法論に関する見方をきっと柔らかくしてくれるでしょう。学問分野そのものがさまざまな程度で変化し分岐していくわけですから、「科学的基準」なるものも〝一枚岩〟的ではないと考えるほうがむしろ現実に即しているだろうということです。

実験に基づく探究を主とするタイプの科学は、前節で挙げたような基準に則って「科学する」ことで何も問題はありません。大事なことは、「それらだけが科学たるべき基準ではない」という基本認識でしょう。異なるタイプの科学は異なる「基準」を要求します。

「学問分類」と「学問系譜」とは異なる

学問を体系的に分類しようとする志向は、たとえば新プラトン主義の代表であるスコラ哲学者が引用した、いにしえのポルピュリオスの「学問の樹」や啓蒙主義時代の百科全書派の学問分類に見られるように、時代を問わず、さまざまなかたちをとって出現してきました。その流れは、次章でも言及しますが、科学そのものの分類を試みた十九世紀前半のウィリアム・ヒューウェル――今日的な意味での「科学哲学」（科学それ自体に関する学）の祖――にまで連綿と続いています。

さまざまな学問や科学が存在するという事実は、それらの知的行為が人間（ならびに近縁な霊長類）を含む系統群の中でどのように進化してきたのかという関心を呼び起こします。進化心理学や認知心理学の最近の研究が示唆しているように、データに基づく推論という思考プロセスは私たち人間のもつ生物学的な基盤に発しています。

たとえば、「ものを分類する」という行為は、私たちが生得的にもって生まれた認知能力のひとつだと言われています。同様に、観察や実験を通して帰納的な推論をすることもまた、私たちのもつ原初的な能力とされています。科学という知的行為の系譜を考えるとき、私たちがもともともっていた認知能力の基盤を無視するわけにはいきません。

おそらく、これまで提唱されてきた多くの「学問分類」の体系は、ここでいう「学問系譜」の系統樹とは整合的ではない可能性があります。この不一致自体はまったく問題ではありません。分類体系はもともと、私たち人間が理解しやすいことがもっとも重要な条件であり、正しいとかまちがっているというレベルで論じることは不可能だからです。したがって、ここでは既存の学問分類とはまったく別の次元で学問系譜を論じています。

実際の学問系譜がどうであれ、学問分類は同時代の科学者・研究者のコミュニティにと

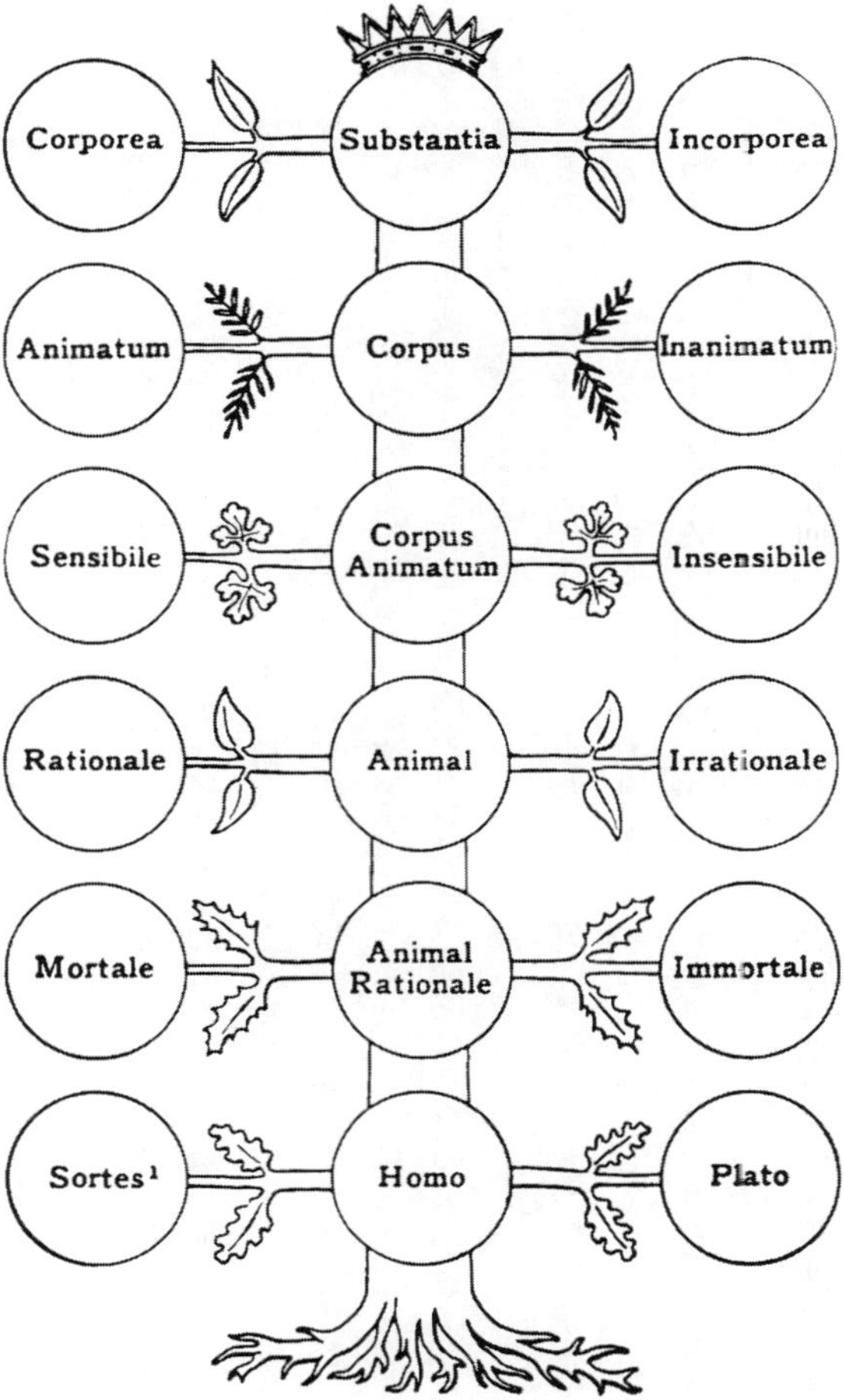

ポルピュリオスの樹 (J.M. Baldwin〔ed.〕『Dictionary of Philosophy and Psychology』Volume 2, 1911, Macmillan, New York)

っては他人事ではありません。一人前のサイエンティストとして育っていく上で、自らの〈学問的出自〉を意識せずにいられることはほとんど不可能です。「生物学出身」であるとか「物理学出身」という自らの〈出自〉の紹介はごく当たり前に見られます。場合によっては、ある学問分類が研究者としての人生を決定づけていることもまれではありません。

現代でいえば、学部生から始まって大学院生を経て職業的研究者への道を歩むという標準的な研究者人生を想定したとき、どのような研究テーマを設定すればいいのか、どんな学会に所属し、どのような人たちと議論や情報交換をすればいいのか、数ある学術雑誌の中からどういう基準で投稿先を選択するか、将来どのようなキャリアを積んでいくのかなど、さまざまな意思決定をする際に、意識的あるいは無意識的に自分の〈出自〉と〈所属〉の影響を受けているでしょう。

陰に陽にその影響を及ぼす学問分類ですが、少なくとも研究者個人にとっては、それはいわば「もともとそこにあるもの」であって、あえてそれについて検討してみようとか見直してみようとはふつう考えません。個別科学の中にいるかぎり、そのような問題意識は無用ということです。

いったん外に出て、まわりを見回したとき、はじめて既存の学問分類の「縛り」が体感されるでしょう。系譜を成す「科学」は定義できるものではありません。「科学とは何か」

という問いは、「三中信宏とは何か」という問いと同じく、もともと答えることができない無意味な設問です。しかし、すべての分類体系は個々のアイテムに定義を要求します。系譜的にはたとえ定義できなくても、定義できたものとして分類していきます。学問分類もその例外ではありません。個々の学問はある本質的（とされる）特徴に基づいて分類され、科学者たちもそれにしたがって分類されていきます。

ローカルな科学哲学を求めて

系譜的な科学観は、この分類的な科学観を見直すところから始まります。個別科学を越えて科学を論じる学問のひとつが科学哲学です。不幸なことに、これまでの科学哲学は、物理学のような従来的な意味での「典型科学」を前提として、グローバルに「科学とはいかなるものか」を論じる傾向が強かったため、進化学のような別のタイプの科学に対して、それらの主張が適用できるかどうかの検証がなされてきませんでした。しかし、最近になってようやく、生物学哲学のようなローカルな個別科学に対する哲学的な論議を進めていこうという気運が高まってきたので、これからは学問分野ごとの科学哲学ができあがってくるでしょう。

いわゆる自然科学の研究者にとっては、「哲学」というのはある意味で〝禁句〟となっていて、論文にしろ著書にしろ「哲学的」な論議を無駄と考える人は少なくありません。しかし、かつての大風呂敷な科学哲学が現在では衰退し、個別ケーススタディー的なローカル科学哲学が立ち上がりつつある現状を考えると、むしろ個別科学の研究者の側から積極的に「哲学」を創っていくのはいいやり方だろうと私は考えています。とくに、進化学や歴史学のように、従来的な科学哲学から見て「日陰」に置いてきぼりを喰った分野はいっそうその可能性が高いでしょう。

「哲学」は天上の彼方から降ってくるものではなく、身近なところからこつこつと造り上げていくものでしょう。理科系の科学者の多くは、ともすれば「哲学なんかいらない」と考えがちです。無理もないことと思います。おそらく、彼らは「いらない哲学」しか体験してこなかったのでしょう。しかし、どんな学問分野にしろ、その学的な基盤や位置づけあるいは方法論について少しでも考えはじめれば、もうそれだけで「哲学」の世界に足を突っ込んでいます。ローカルな科学を推進する上で「役に立つ哲学」は、もしなかったとしても、ローカルに科学者自身が造っていけばいいでしょう。

典型科学から外れたとされる系統学や進化学であっても、学としての基盤を確立するためのローカル科学哲学は十分に打ちたてることができます。実際、過去四十年にわたる生物学哲学の歴史を振り返ると、哲学と科学との新しい関わり合いが期待できそうです。

歴史や系譜を論じるとき、科学と科学とを、さらには科学と科学哲学とを長年にわたって分け隔ててきた「壁」は次第に崩されていくでしょう。

3　アブダクション：真実なき探索——歪んだガラスを覗きこむ

仮説の「真偽」は必ずしも判定できない

さて、脇道から本道に戻って、第1節の論議の続きを進めましょう。

歴史を復元するという行為のもっとも核心部分であるはずの由来関係の推定が、直接的な実験や観察に基づく「典型科学」の五基準を満たさないことは誰の目にも明らかです。では、歴史学は非科学的なのでしょうか。「非科学的」というレッテルは、科学者にとっては致命的なインパクトがあります。もしそれを受け入れるとしたら、生物・非生物を問わず歴史を扱う研究は、すべてひっくるめて価値がなくなってしまうと受け取られかねません。しかし、先ほど指摘したように、歴史学には歴史学なりの「科学の基準」があるのだという複線的視点に立つとき、私たちはどのような基準をもち出せばいいのかという次の問題が浮上してきます。

生物進化学を含む歴史学一般が、実験科学のレベルに及ばない「二級科学」であるというランクづけに対しては、生物学哲学に関心をもつ多くの人がいくつもの反論を提出してきました。とくに、直接的な実験や観察に代わるものがはたして歴史学にあるのかという点に注目しましょう。すなわち、実験科学における仮説や理論の経験的テストに相当するものが、歴史学にもあるのかという点です。もちろん、上述したように、進化学における自然淘汰仮説のテストのような例外的な場合はありますが、ここではそのような直接的な観察ができない、したがって歴史学ではより起こりやすい状況を想定します。

まずはじめに、実験科学におけるこんな仮想例を考えてみます。「あるふたつの物質AとBの化学反応の結果、Pという反応生成物が生じる」という理論Tをテストするとき、化学者は実際にその化学反応を再現実験してみるでしょう。もしその実験の結果、生成物Pが生じたならば、その化学者は提唱された理論Tをきっと受け入れるでしょう。

注意してほしいのは、このとき理論T（「Pが生じる」）に対しては、必ず対立理論T′（「Pが生じない」）が対置させられているという点です。化学者は、実験結果を踏まえた上で、対立理論T′ではなく、理論Tを採用したわけです。その理由は、「Pが生じた」という実験結果を「Pは生じない」という対立理論T′によってあえて説明するためには、「この実験は正しく行われなかった」とか、「添加触媒など付帯条件に問題がある」というような苦しい弁明をするしかありません。一方、理論Tならば、そういうその場しのぎの弁解はまったく不要です。その化学者は、観察された反応結果をより単純に説明できる理論Tを採用し、その場しのぎの仮定を要求する（したがって単純ではない）対立理論T′を排したのだと考えることができます。

おそらく、読者の多くはこの例に対して、たとえ結論は同じでも異なる解釈をするのではないかと私は予想しています。すなわち、化学者が理論Tを受け入れたのはそれが「真」だったからであり、対立理論T′を排したのはそれが「偽」だったからだと。

直感的あるいは日常的な意味での「真」あるいは「偽」ということばは、私たちに強くアピールするものがあります。「それは真実だ」と言われれば、つい納得してしまう人は少なくないでしょう。しかし、論理学における「真」とか「偽」という表現は、日常的な用法よりはるかに強い意味をもちます。それは他の可能な仮説や説明との比較を必要とせず、データのみに基づいてある仮説や説明の真偽を判定しているからです。

一方、現実の科学の現場では、得られたデータに照らし、ある仮説や主張がどれくらい妥当なのか、対立仮説と比較してその仮説を受容できるのかどうかが大きな問題です。データに基づいて、ある科学的仮説が「真」あるいは「偽」であることをテストするのは、かぎりなく困難だと言わねばなりません。

科学では、仮説の論理学的な意味での「真偽」を判定しているのではなく、データに支えられた範囲での仮説間の相対的比較をしているのだと考えたほうが、実際により近いと私は考えています。これはデータに基づく推論とみなせます。

推論様式としての「演繹」と「帰納」

ここで、論証と推論のスタイルについて、少し詳しく説明をしておくべきでしょう。古典的な科学哲学では、「演繹(deduction)」と「帰納(induction)」という二種類の推論スタイルを考えていました。

第一の「演繹」とは、前提となるある主張から、論理的に別の主張を導くというタイプの推論です。具体例としては数学を思い浮かべるのがいいでしょう。「この三角形は正三角形である」という命題からは、たとえば「この三角形は二等辺三角形である」という別の命題が演繹されます。演繹的な論証の特徴は、前提となる命題が論理的に真であるかぎり、それから演繹された命題もまた論理的に真であるという点です。

第二の「帰納」とは、論理学の用法では、観察されたデータを蓄積することにより、真である普遍法則が導かれるというタイプの論証です。歴史的に見れば、西洋の経験科学の基底には、データからの普遍法則の発見を目標とする帰納が、方法論として確固とした地位を占めていました。しかし、二十世紀半ばの科学哲学では、論証スタイルとしての帰納をめぐる大論争があり、その有効性に大きな疑義が投げかけられました。

確かに、データの集積の延長線上に普遍法則が見えてくる、という帰納の仮定がまちがっていたことは否定できないでしょう。データそれ自身は必ずしも完全無欠ではないし、何よりも背景仮定から独立した中立性を保っているわけでもないからです。二十世紀前半に大きな力をもった論理実証主義が、最終的に敗退していった理由はそこにあります。ただ、データにもとづいて一般化をするという推論様式には、少なくとも心理的な効用は残されています。実際、現在の認知心理学ではまさにその意味で帰納ということばを用いているからです。

データに照らして仮説を選ぶ

ここで重要な論点が提起されます――それは「データと理論の間にはどのような関係があるのか」という問題です。これまで説明してきたように、「経験に照らす」ことが科学にとっては不可欠です。しかし、その主張は、私たちが得る「経験（データ）」が完全無欠であるということを意味してはいません。むしろ、仮説や理論がまちがう可能性がある一方、観察データもまた誤りや不確かさを含んでいるかもしれないという現実的な状況のもとで、どのように科学的探究を進めていくのかということを念頭に置いています。データに照らして整合的な仮説は「真」であり、矛盾する仮説は「偽」であるという解釈は、データがつねに完全無欠であるという前提を置いています。しかし、その前提はしばしば破られます。だからこそ、仮説や理論の「真偽」を言うことはきわめて難しいのです。

このことを説明するためにひとつの例を考えてみましょう。ある家に二部屋AとBがあったとします。ある夜、AとBに灯っていた電灯が同時刻に突然消えてしまいました。このような現象に直面したその家の住民は、「電気を使い過ぎたのでヒューズが飛んだのだろう」と考え、配電盤に走っていくでしょう。この状況を図式的に書けば、

観察D：「部屋AとBの電灯が同時刻に消えた」

のもとで、

仮説T：「配電盤のヒューズが飛んだ」

が家人によって支持されたということになります。

ここで質問――仮説Tははたして「真」だったのでしょうか。もちろん、かなり多くの場合（あるいはほとんどの場合）、仮説Tは正しいことが示されると思います。しかし、論理的な意味でTが「真」であることが、データDによって示されたわけではありません。ここで、Tに対する対立仮説、

仮説T′：「部屋AとBの電球がそれぞれ切れた」

をさらに考えてみましょう。データDのもとで仮説T′は「偽」であると言わねばならないのでしょうか。そんなことは決してありません。きわめて低い頻度ではあっても、別々の部屋の電球が同時刻に切れることは可能です。

この例から言えることは、たとえ確実な観察データがあったとしても（電灯が消えたというのが実は見間違いだったという可能性さえある）、対立仮説間の「真偽」に決着をつけることは必ずしもできないし、そうする必要もないということです。

私たちが、論理的な意味での整合性や矛盾性を、データと仮説に対して要求してはいないとしたら、データは仮説に対してどのような関係をもつことが期待されているのでしょうか。ここで、歴史学者であるカルロ・ギンズブルグの示唆に富む発言を引用します。

「資料は実証主義者たちが信じているように開かれた窓でもなければ、懐疑論者たちが主張するような視界をさまたげる壁でもない。いってみれば、それらは歪《ゆが》んだガラスにたとえることができるのだ」（ギンズブルグ 2001, p.48）

実証主義を奉じる立場からいえば、観察データは絶対であり、仮説や学説はそのしもべにすぎません。その一方で、相対主義的な懐疑論の立場からいえば、データは言明や理論にとって何の役にも立たないという正反対の評価を受けることになります。ギンズブルグはこの両極端の見解のいずれにも与《くみ》しないで、歴史学はデータ（資料）を批判的に検討しつつ、データが仮説に対してもつ証拠としての価値を擁護し続けます。

「ひとは証拠を逆撫でしながら、それをつくりだした者たちの意図にさからって、読むすべを学ばなければならない」（ギンズブルグ 2001, p.46）

ギンズブルグのいう〝歪んだガラス〟というのは絶妙な比喩であると私は思います。狭い意味での歴史学だけでなく、もっと広い一般性をもつスタンスとして、ギンズブルグの見解を敷衍《ふえん》しておきましょう。

データという〝歪んだガラス〟を通して向こうを覗くとき、私たちはデータと理論のいずれに対しても「真偽」を問うことはありません。理論がデータと矛盾していれば「偽」、整合していれば「真」というような強い関係を仮定するのではなく、もっと弱い関係を両者の間に置こうということです。

ここでいう「弱い関係」とは、観察データが対立理論のそれぞれに対してさまざまな程度で与える「経験的支持」の大きさを指しています。論理的な「真偽」と比較して、経験的な「支持」はデータと理論とのはるかに弱い関係です。しかし、それでもなおデータは、理論の相互比較を評決する場での発言権を保持し続けています。

第三の推論様式――アブダクション

データと理論の間に想定されるこの「弱い関係」は、演繹でも帰納でもない第三の推論様式です（エリオット・ソーバー 1996）。

演繹法や帰納法は従来の科学哲学の中では、物理学や化学などのように普遍類（たとえば、化学ならばある原子番号をもつ元素の集合、天文学ならば赤色巨星の集合のような類）を対象とする学問における、反復観察や再現実験を踏まえた論証方法として繰り返し論じられてきました。しかし、歴史学や進化学が対象とする個物（再現性のない一度かぎりの事物や現象）の場合には、そういう論証スタイルはもともとあてはめられません。だからこそ、もっと「弱い関係」を用意することで、歴史を扱う科学の中でも、データに基づく仮説や理論のテスト可能性を確保しようというわけです。

データが理論に対して「経験的支持」を与えるとき、同じ現象を説明する複数の対立理論の間で、「支持」の大きさに則ったランクづけをすることができます。あるデータのもとで、もっとも大きな「支持」を受けた最良の仮説を頂点とする序列です。そして、経験的支持のランクがより大きい仮説を選ぶという基準を置くことにより、仮説選択の方針を立てることが可能になります。

この仮説選択基準は、古くはアリストテレスのいう「エンテュメーマ」が指し示す推論の形式、すなわち「〝最善の説明に向けての推理〟（より古い言い方では、結果から原因へとさかのぼっていく推理）のような不可欠の推論様式」（ギンズブルグ 2001, p.67）に通じるものがあります。さらに、十九世紀の哲学者にして記号論の創始者であるチャールズ・

S・パースは、与えられた証拠のもとで「最良の説明を発見する」推論方法を、「アブダクション（abduction）」ということばによって表そうとしました。

理論の「真偽」を問うのではなく、観察データのもとでどの理論が「より良い説明」を与えてくれるのかを相互比較する――アブダクション、すなわちデータによる対立理論の相対的ランキングは、幅広い科学の領域（歴史科学も含まれる）における理論選択の経験的基準として用いることができそうです。

第三の推論様式としてのアブダクションは、さまざまな学問分野において、〝単純性（「オッカムの剃刀《かみそり》」）〟とか〝尤度《ゆうど》〟あるいは〝モデル選択〟というキーワードのもとに、これまでばらばらに論じられてきました。しかし、将来的には統一されていくだろうと私は推測しています。

歴史科学においてアブダクションという仮説選択基準を適用するためには、説明の「良さ」を明示化する必要があります。次節ではそれを論じることにしましょう。

4　タイプとトークン――歴史の「物語」もまた経験的にテストされる

ダーウィンはどんな本を読んでいたか

チャールズ・ダーウィンは、五年間に及ぶビーグル号航海（一八三一〜三六年）の途上、ガラパゴス諸島をはじめ中南米の各地に立ち寄り、かの地の自然と生物について多くの知見と刺激を得て、彼の生涯にとって最初で最後の海外旅行を終えました。イギリスに帰国したダーウィンは、はじめロンドンに居を構え、後に郊外のダウンに永住することになります。

ちょうどこの頃から、ダーウィンは「読書ノート（Reading Notebooks）」をつけはじめます。最初は単純に「読んだ本」と「読むべき本」のタイトルと短評を記すだけでした。しかし、その後どんどん冊数が増え、生物学ジャンルとその他（小説・伝記・紀行を含む）のジャンルに分けるようになり、結局一八三八年四月の開始から一八六〇年にいたるまで、二十年以上にわたって書き綴られました。凢帳面に付けられたこの読書ノートは、それだけでゆうに一冊の本に匹敵する分量があります。

勤勉なダーウィンは、二十年後の『種の起源』（一八五九年）として結実するまでに、当時としては最新の生物学・地質学・育種学などの知識を本から得ようとしていたことが、その読書ノートからうかがえます。

しかし、その一方で、彼は生物以外の読書も怠ることはありませんでした。チャールズ・ラムの『エリア随筆』やシャーロット・ブロンテの『ジェーン・エア』など、エッセイや小説や数々の個人伝記を読んでいたダーウィンでしたが、冊数の割合からいってもっとも大きな部分を占めていたのは、ほかならない歴史書と自然哲学書でした。トゥキュジデスら古典歴史家の作品はもとより、エドワード・ギボンの大部な『ローマ史』やその他ヨーロッパの歴史を叙述した本のタイトルが、「読んだ本」リストに名を連ねています。生物の歴史に関心をもつダーウィンは、当然のこととして歴史学にも関心を払っていたということでしょう。

「物語」としての説明

ダーウィン進化学に関する生物学史研究によると、さまざまな意味で衝撃的な登場をした『種の起源』は、生物進化に関わる叙述すなわち物語（narrative）だったと指摘されています。ここでいう「物語」とは、歴史上のできごとをその因果順に時間軸に沿って並べた記述を指していて、物語それ自体がひとつの説明であるとみなされます（ロバート・リチャーズ 1992)。「物語」という日本語のもつ語感は、無意識のうちに現実とは何の関係もない「おとぎ話」を連想させてしまいます。しかし、ここで私が用いている「物語」は、過去のできごとを説明するひとつのスタイルであると解釈してください。

物語が説明であると言う以上、それは現実のデータによってその妥当性がチェックされる必要があります。前節では、たとえ直接的に観察できないような現象であっても、適切な方法でテストすることさえできれば、その時点での最良の説明（仮説、理論）を選択できる可能性があると指摘しました。

最良の説明が必ずしも真実であるとはかぎりません。私たちがデータから推論しようとしている物語は、「真」なるものあるいは「偽」なるものではないのです。未来を見通す予言者のふりをする必要はありません。手元にあるデータからどこまで妥当な結論（すなわち物語）を引き出せるのか、あるいは引き出せないのかを見極めることができれば、それで十分でしょう。

私たちの想像力はとても豊かです。地震・噴火・彗星・干魃《かんばつ》などの自然現象に対して、私たちの祖先がどれほどさまざまな説明をしてきたか――民話や神話として世界各地に残されている「物語」もまた、自然の脅威を目撃した先祖たちによる説明だと言えます。人間界あるいは自然界の現象を、民俗的なローカル世界観の中へと位置づけることは、「物語」としていったん翻訳されることによってはじめて可能になったのでしょう。

科学者もまた、数多くの仮説を提出することにより現象を説明しようとします。物語というスタイルの説明（「物語的説明」）が、どのような心理によって産み出されるのかは定かではありません。それは観察を繰り返すことで認知的帰納が作用した結果かもしれないし、ひょっとしたら〝天啓〟から得た悟りかもしれません。

しかし、説明の出所はどうでもいいのです。説明や仮説を導いた過程それ自体は、その説明が他の対立する説明と比較したときにどれくらいすぐれているかとは、何の関係もありません。その判定をするのは、仮説の出自や心情的なアピールではなく、現象世界から得られるデータと背景知識だけです。

歴史はレトリックにすぎない？

しかし、まさにこの点が近年の歴史学では論争の火種となりました。歴史もまた、他の仮説や理論と同様に、経験的テストの標的であるとみなす立場に対しては、近年の相対主義的懐疑論に立つ歴史学派から強い反論が提出されています。

とくに、その筆頭である歴史学者ヘイドン・ホワイト（2001）は、「現実の出来事が語る、自ら語るなどということは起きえよう筈がないのである。現実の出来事は、黙って存在さえしていればそれで足りるのだ」（p.13）として、物語としての歴史をデータとしての資料による縛りから切り離そうとします。そして、レトリックとしての歴史の価値を擁護して、「もし、語りと物語性とを、架空の事柄と現実の事柄とを一つの叙述の中で出会わせ、結びつけ、あるいは溶けあわせる手段であると考えるならば、物語の魅力と、物語を拒絶する根拠とを同時に理解できるだろう」（同、pp.14-15）と言います。

ヘイドン・ホワイト流の相対主義の立場から言えば、歴史という「物語」を編み上げることは歴史学者のスタンスによってどのようにでも描けることになります。このとき、歴史「物語」にとってもっとも重要なことは、史実（データ）との突き合わせではなく、どのように相手（歴史の読者）をうまく説得できるかというレトリックの巧拙だけになってしまいます。

一方、ヘイドン・ホワイトに対して正反対の立場をとる前出のギンズブルグ（2003）は、「今日、歴史叙述には（どんな歴史叙述にも程度の差こそあれ）物語的な次元が含まれているということが強調されるとき、そこには、フィクションとヒストリー、空想的な物語と真実を語っているのだと称している物語とのいっさいの区別を、事実上廃止してしまおうとする相対主義的な態度がともなっている」（p.42）と正当な反論をしています。ギンズブルグは、歴史学において相対主義的な姿勢をとり続けるかぎり、資料として得られるデータに適合するしないとはまったく無関係に、どのような「物語」でも書けてしまうではないかと指摘します。

少なくとも、先ほど述べたように、できごとの系列としての歴史「物語」をターゲットとするかぎり、「物語」は確かに経験的テストの対象であると私は考えています。さらに言えば、次章で説明するように、あるデータを説明する対立仮説があまりに多過ぎるため、データによってどんどん絞り込んでいかないと何も説明できないということにもなりかねません。より正確には、データによってテストできるような歴史「物語」をつくっていこうという意思表示です。

これも次章で例を示しますが、生物や言語、写本の系統学は、厳密にデータに基づく歴史「物語」を復元する方法論をそれぞれ別個につくってきました。現在の私たちが手にできる情報源に基づいて、過去に関する推論すなわち〝エンテュメーマ〟あるいは〝アブダクション〟を実践することは、学問分野を越えて見渡せば、可能性も将来性もあると考えられるでしょう。

タイプとトークン

ここでは、物語的説明があてはめられる分野として、進化や歴史を含む問題を念頭に置いてきました。もちろん、私たちが知っているような歴史学や進化学では、そのような説明のスタイルが広く用いられています。しかし、必ずしもそれだけにはかぎりません。典型科学の代表である物理学・化学あるいは天文学でさえ、問題の立て方によっては物語的説明が要求されることがあります。いま、

「水素と酸素が反応すると水が生じる」
$(H_2+1/2\times O_2\rightarrow H_2O)$

という化学反応を考えましょう。この文に出てくる「水素」、「酸素」そして「水」という物質は、特定の反応が生じる時間と空間に限定されない、ある普遍的な現象を担うものとしての意味をもっています。つまり、それらの物質はある特定の定義形質によって特徴づけられた集合としての「型」すなわち「タイプ（type）」を表しています。

「水素（H_2）」という型の定義形質は「原子番号1」、「酸素（O_2）」という型は「原子番号8」、そして「水（H_2O）」という型は「水素ふたつと酸素ひとつが共有結合した分子」に

よって定義されます。化学研究は基本的に「タイプ」に関する仮説や理論を対象としています。データによって支持されたそれらの理論は、普遍法則（universal law）としての性格を帯びています。

しかし、実際にある時間と場所で生じる特定の化学反応では、「タイプ」ではなくそれに属する特定の分子が反応を形成します。ある「タイプ」に属する個々のメンバーを、「個例」すなわち「トークン（token）」と呼びます。いま、この化学反応に実際に関与したトークンとしての分子を、水素（$H^{\#}_2$）・酸素（$O^{\#}_2$）・水（$H^{\#}_2O^{\#}$）と表すと、これらのトークンが関与する反応は、

「ある水素分子とある酸素分子が反応するとある水分子が生じる」

（$H^{\#}_2+1/2\times O^{\#}_2\rightarrow H^{\#}_2O^{\#}$）

と書けます。先ほどの「タイプ」としての化学反応とは異なり、「トークン」としての化学反応は、分子一つ一つを主役とする表現です。

もちろん、現代の化学ではこのような一つ一つのトークン分子を相手とする理論化はきっとなされないでしょう（個々の分子を実験的に直接観察することが不可能であるという

点はさておくとしても）。その意味で、トークンとしての化学反応はあくまでも思考実験のひとつと考えてください。

重要な点は、トークンとしての化学反応が、たとえ瞬間的ではあっても、ひとつの歴史過程を成していて、トークン分子（$H^{\#}_2$、$O^{\#}_2$、$H^{\#}_2O^{\#}$）に関する物語的説明——「ある時刻t_1においてて水素分子（$H^{\#}_2$）と酸素分子（$O^{\#}_2$）が反応し、時刻t_2において水分子（$H^{\#}_2O^{\#}$）が生じた」——をしているという事実です。

このケースは、私たちが実験や観察にもとづく典型科学であるとみなしている学問分野においてさえ、物語的説明をしなければならない状況はあり得るという証左になっています。「タイプ」に関する理論化ではなく、「トークン」に関する理論化を目指したとき、物語的説明が登場したという点に注目してください。トークンとは個々のものないしできごとであり、かけがえのない時空的な唯一性がその大きな特徴です。

一方、タイプはある特徴を共有する要素の集まりであって、タイプ自身が唯一性をもっているわけではありません。たとえば、私がいま着ている服a_1はトークンとしての服であり、服a_1が破れたり燃えたりしてなくなってしまったら、それに取って代わるものはありません。しかし、服a_1と同じタイプAの服が大量生産されているとしたならば、a_1とデザインもサイズも完全に同一の服a_2、a_3、a_4、……が市中に出まわっているのは不思議ではありません。タイプAという服の集合にはa_1、a_2、a_3、……という複数のトークン服が要素として含まれているということです。a_1とa_2はタイプとしては同じであっても、トークンとして同じとは言えないわけです。

天体物理学にも物語的説明はある

タイプ／トークンの区別はこれまでいろいろな姿をして登場してきました。中世の「普遍論争」で闘わされた実念論（realism）と唯名論（nominalism）の争点は、普遍（universal）と個物（particular）の存在論的地位をめぐる対立でした。この図式は、そのまま生物の種（species）に関する近年の生物学哲学の論争に持ち越されています。つまり、種とはある属性を共有する生物の集合すなわちクラス（class）なのか、それとも時空的に限定された唯一性をもつ個物（individual）なのかという問題です。

普遍法則を求める科学が「タイプ」に関する論議をしてきたのに対し、歴史や進化を論じる科学は「トークン」に関する考察をしていると言ってもかまわないと私は思います。

しかし、先の化学反応の例は、ある学問領域がタイプあるいはトークンのいずれかだけに焦点を絞ってきたのだろうという解釈が当たっていないことを示しています。ただ、このケースはあくまでも思考実験ですから、説得力がいま一つ物足りません。現実にそれと似たようなケースはないでしょうか。天文学に目を向けると、そういう事例が見つかります。

天文学は古代から占星術師・天文学者たちの関心を集め、天体の運動の法則性や彗星の出現についての多くの学説や理論が提出されてきました。地上の事物に比べて、天体の事物は完全なるものであるはずだという信念が、天文学のもつ、宇宙の普遍法則を論じる学問分野としての性格を強化してきたことは間違いないでしょう。

現代の天体物理学では、「宇宙進化論」という表現に出会うことがよくあります（人智学者ルドルフ・シュタイナーの学説とは何の関係もないので誤解されないように）。ビッグバンの原初状態を出発点として、現在の宇宙が形成され、さらに将来にわたって膨張していく変遷のプロセスを「進化」と呼んでいるのでしょう。

しかし、生物進化の観点からいえば、宇宙のこのような時空的変化は「展開（unfolding）」ではあっても、「進化（evolution）」とはみなされません。

銀河系や星間物質に関する向きの定まった変化は、かつての発生学者が熱狂した前成説（preformationism）における展開（ある設計プランにしたがって構造がつくられていくこと）に相当するものではあっても、歴史的な偶然性や唯一性をともなった進化的変化を意味してはいないと思われます。この点では、天体物理学は主としてタイプに関する理論で

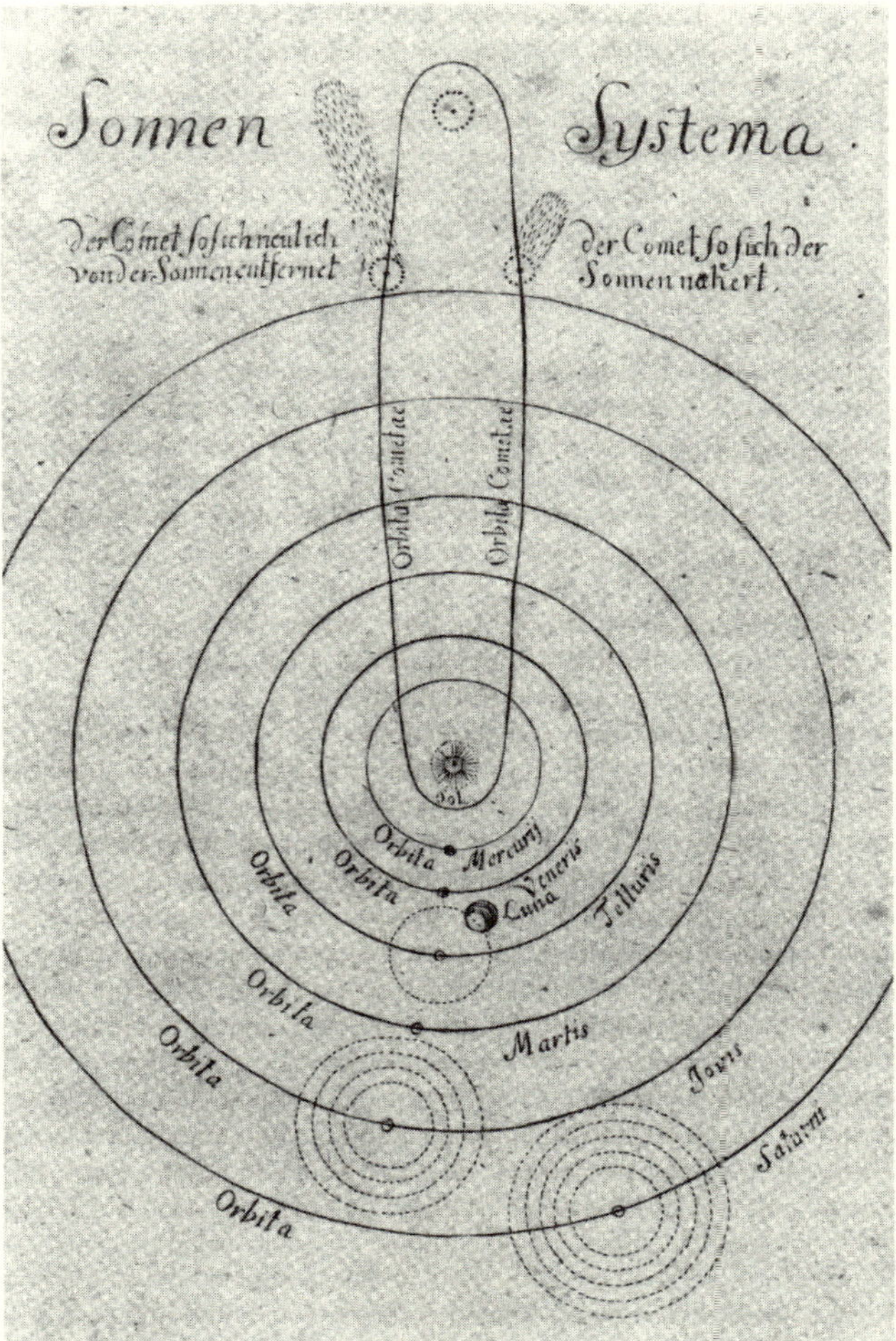

太陽系の図（William Whiston『Neue Theorie der Erde』1715）

あり、宇宙の普遍法則への関心は強かったとしても、それはトークンに関するものではほとんどなかったということです。

ここで、天体物理学の中でも、トークンに関する研究が実際に行われてきたことに注目しましょう。それは、小惑星（asteroid）の研究に見られます。小惑星とは、火星と木星の間に分布している直径千キロメートル以下の天体で、太陽のまわりを公転しているものを言います。

一九一八年、アメリカ留学中の天文学者・平山清次は、多くの小惑星の公転軌道形状に関する特性値（離心率、軌道傾斜角など）を調べあげた結果、同一の母星から分裂して生じた子孫小惑星の群はよく似た特性値をもつことを発見し、そのような由来を同じくする小惑星群を「族（family）」と命名しました。平山の言う「族」は、生物のある共通祖先から由来する複数の子孫の集合である、「単系統群」に対応する天文学上の用語です。

過去に母星から分岐した小惑星は、現在では見かけ上は異なる軌道のまわりを公転しているかもしれません。しかし、小惑星の「族」の由来を年代順に復元することにより、トークンとしての小惑星がたどってきた「歴史」についての知識を、私たちは得ることができます。タイプとしての小惑星の分類体系はほかにもいろいろあります。しかし、「平山族」に関するかぎり、由来を共有するという歴史的な唯一性が特徴であり、天文学におけるトークン研究のひとつとみなすことができます。

あれも科学、これも科学……

天体物理学の中にも、普遍法則ではない個別のトークンに関する研究があり得るのと対照的に、トークンをもっぱら相手にしてきた進化学の中でも、普遍法則と目されるものを研究することは可能です。自然淘汰や中立進化のような進化プロセスに関する研究がそれに当たります。

たとえば、ある環境条件のもとで生物の生存や繁殖に有利な遺伝子は、自然淘汰によって集団中でその頻度を増やしていきます。このような進化プロセスは、トークンとしての生物に限定されず、条件さえ満たされればさまざまな生物集団で観察できます。集団中での生物の形質と背後にある遺伝子のもつ有利さ（「適応度〔fitness〕」と言います）は、生物に付随する性質です。したがって、適応度の大小にしたがって作用する自然淘汰は、ちょうど物理学での万有引力と同じように、さまざまな生物の集団に作用し得る「力」であると考えられます。分子進化において偶然的な要因によって遺伝子の塩基置換が生じ、遺伝的な多様性が保持される中立進化の過程もまた、トークンとしての生物に限定されない普遍的なプロセスです。

このように、タイプに関する普遍法則を探究すると考えられてきた学問の中にも歴史推定を目的とする研究があり、他方で、トークンに関する歴史や記載によって性格づけられてきた学問であっても普遍的な法則性を研究することは可能です。

私たちは科学に関してつい固定されたイメージと先入観を抱いてしまいがちです。しかし、少しでも分野横断的に眺めてみれば、科学の目的と方法論に対して、もっと柔軟な解釈をすることが期待できるでしょう。そして、「歴史は科学ではないのか」というような問いかけそのものが、もはや古びて見えてしまうことがわかってもらえるでしょう。

信頼の置ける知識を得るための方法についていうならば、歴史科学と非歴史科学という科学分類はどうでもいい。確かに、過去のものやできごとは直接的には観察できない。しかし、非歴史科学が対象としているものやできごとであっても直接観察できない場合は少なくない。そういう障害を克服しようと努力しなければならないのはどの科学でも変わりはない。……〝歴史とはそんなに特別なのか〟という問いに対して、知識論の観点から私が提出する答えは次のとおりだ——〝特別なことなど何ひとつ見当たらない〟。

（レイチェル・ローダン、一九九二年、p.65）

第２章

「言葉」としての系統樹

――もの言うグラフ、唄うネットワーク

実際、一つの学問に全精神を傾注し、全生命をついやす人が、その学問が他のあらゆるものより優っており、いかなる点においても最良であると見なし、他のどんなことにも応用するのをわれわれは見かけるが、そういう事態になるのは、おそらく、われわれ自身およびわれわれの手にしているものごとから好ましいものを作り上げようとするという、われわれの本性の弱さによってなのである。

（ジャンバティスタ・ヴィーコ『学問の方法』、一九八七年、p.151）

1　学問を分類する――図像学から見るルルスからデカルトまで

絶対的な学問分類はない

科学という概念系譜をグローバルに論じる一般論がえてして失敗するように、ある科学にはあてはまったことが、別の科学にもそのままあてはまるとは必ずしもかぎりません。科学にはそれぞれ独自の歴史と個性があるので、むしろ科学をローカルに見ることによって、はじめて個々の科学での〝動態〟や〝変遷〟のありさまがわかることがあります。科学という系譜のひとつひとつには、かけがえのない個物性と代替ができない唯一性があるのだと私は考えています。

私がここで問題にしたいのは、学問の仕分け方すなわち「学問分類」のあり方についてです。これまでに言及したように、生物だけでなく、言語や写本や書体などおよそ〝生物〟とは縁のない非生物でさえ、きわめて〝生物的〟な系譜をもっているように見えます。しかし、既存の〝建売住宅〟の仕分け方で言えば、それらはある場合には歴史言語学であり、あるいは比較文献学であり、さらにはグラフィック・デザイン史というまったくばらばらな分野に散在することになります。もちろん、こういう「文科系」の諸学問は生物学とはこれまで無縁でした。

「理科系」と「文科系」という学問の分け方には、何かしら本質的に大きな意味があるかのように言われることがあります。ほんとうにそうなのでしょうか？

私は、そういう論議は歴史的にたまたま仕分けられた学問分類に、後世の人間が振り回されているだけなのではないかという気がしています。いったん別々のクラスに分類されてしまったがために、その後いつまでたってもその学問分類の〝縛り〟から逃れられない状態に陥ってしまっている。しかも、その〝縛り〟を息苦しいと思わないばかりか、かえって〝建売住宅〟としての心地よさに安住してしまっている気配すらあります。

歴史的偶然の妙と言ってしまえばそれまでなのですが、でも何かおかしい。その理由は、あるひとつの学問分類の体系が有形無形の制約を私たちに課しているのに、当の本人たちがそれにまったく気づいていないという点にあるのでしょう。その学問分類でほんとうにいいのですか？

分類は絶対的なものではなく、ある採用された分類基準（類似性の尺度）にしたがってグループ分けをしているにすぎません。もちろん、得られた分類体系が私たちにとって認知的に役に立つかどうかという実用性のフィルターを通して、分類の善し悪しは判定されます。しかし、すべての分類には基準があるという点は、生物分類だろうが学問分類だろうがちがいはありません。分類基準を変えれば、分類体系はどのようにでも変わる――この単純な理屈はいつでも有効です。

図形言語としての「鎖」と「樹」

歴史をさかのぼる意義のひとつは、今とはちがう選択肢が実際にあったのだという事実を再認識させてくれる点です。学問分類の歴史もその例外ではなく、現在広く受け入れられているものとは大きく異なる分け方がいくつも提唱されていました。

十三世紀に地中海のマヨルカ島に生まれたライムンドゥス・ルルス（ラモン・ルル）の思想は、中世哲学に大きな影響を及ぼしました。とりわけ、彼は、印象的な図像を用いて「知の体系化」を目指したという点で特筆されるべきでしょう。

物質から始まり植物、動物、人間を経て、天使から神に連なる「存在の大いなる連鎖（The Great Chain of Being）」という考えは、ギリシャ時代から延々と生き続けた思想でした。ルルスはこの「存在の連鎖」をみごとに図像化し、結果として知の体系化に関する彼の説――「結合術（ars combinatoria）」と呼ばれた記憶の方法――は広く浸透していきました。

ルルスと存在の階梯：存在物の「鎖」を図像化し、記憶術の段階と対応づけた図。14世紀の古写本に描かれた細密画（フランセス・A・イェイツ〔1993〕から転載）

存在の連鎖を図像化した「鎖（chain）」は、形式的に言えば点と点とを直線的につないだグラフにほかなりません。鎖が表すのは線形の順序関係（序列）であり、すべての点はその序列に従う上下関係によって秩序づけられます。このように、「鎖」は体系化のモデルとしてもっとも単純な構造をもっています。

しかし、単純な「鎖」では表現しきれない、より複雑な秩序があることをルルスは知っていたようです。たとえば、彼の百科全書的著作『学問の樹（Arbor scientiae）』（一二九五年）にある学問の分類は、「樹（tree）」をモデルとして体系化されています（91ページ参照）。

この「学問の樹」を支える十八本の〝根〟は、ルルスの言う神のもつ九つの絶対的品格（左から順に反時計回りに善・偉大・永遠・力・叡智・意志・美徳・真実・栄光）ならびに、それに続く九つの相対的原理（相違／一致／対立、端緒／中間／終局、多数／同等／少数）を指しています。そして、樹上で分岐している十六本の枝はそれぞれがひとつの学問分野を意味していて、左から順に時計回りに元素の樹・植物の樹・感覚の樹・想像の樹・人間の樹・道徳の樹・皇帝の樹・使徒の樹・天界の樹・天使の樹・永世の樹・聖母の樹・キリストの樹・神の樹・範例の樹・問題の樹となっています。

「鎖」をなすすべての点は直線状に序列化されるのに対し、「樹」は必ずしも直線的ではない枝分かれの関係をも図示できるという特長があります。たとえば、ルルスの「学問の樹」の末端にある「葉」の間には、直接的な序列関係はありません。しかし、それらの葉が分岐する根元から見れば、直線的な関係があることがわかります。このように、階層的な分岐関係を表示する「樹」は直線的な「鎖」を表現することができるが、その逆は真ではありません。「鎖」と比べて、「樹」のほうがより一般的な図式表現手段であるということになります。

図形言語として考えるとき、「鎖」や「樹」は、そのグラフとしての連結性のおかげで、連続性・一体性・統一性のイメージを私たちに喚起します。さらに、それらのグラフのどこかが何らかの意味で〝根〟であるとみなされるならば、その〝根〟を起点とする階層的体系化という新たな意味が付加されます。「鎖」や「樹」は私たちにとってなじみ深い階層的分類をもたらしてくれます。

ルルスの「学問の樹」に示された原初的な学問分類は、中世哲学の時代を生き延び、数世紀後のフランシス・ベーコンやルネ・デカルトの思想にまで影響を及ぼしました。デカルトはその著書『哲学原理』（一六四四年）の中で、こう述べています。

「哲学全体は一つの樹木のごときもので、その根は形而上学、幹は自然学、そしてこの幹から出ている枝は、他のあらゆる諸学なのですが、後者は結局三つの主要な学に

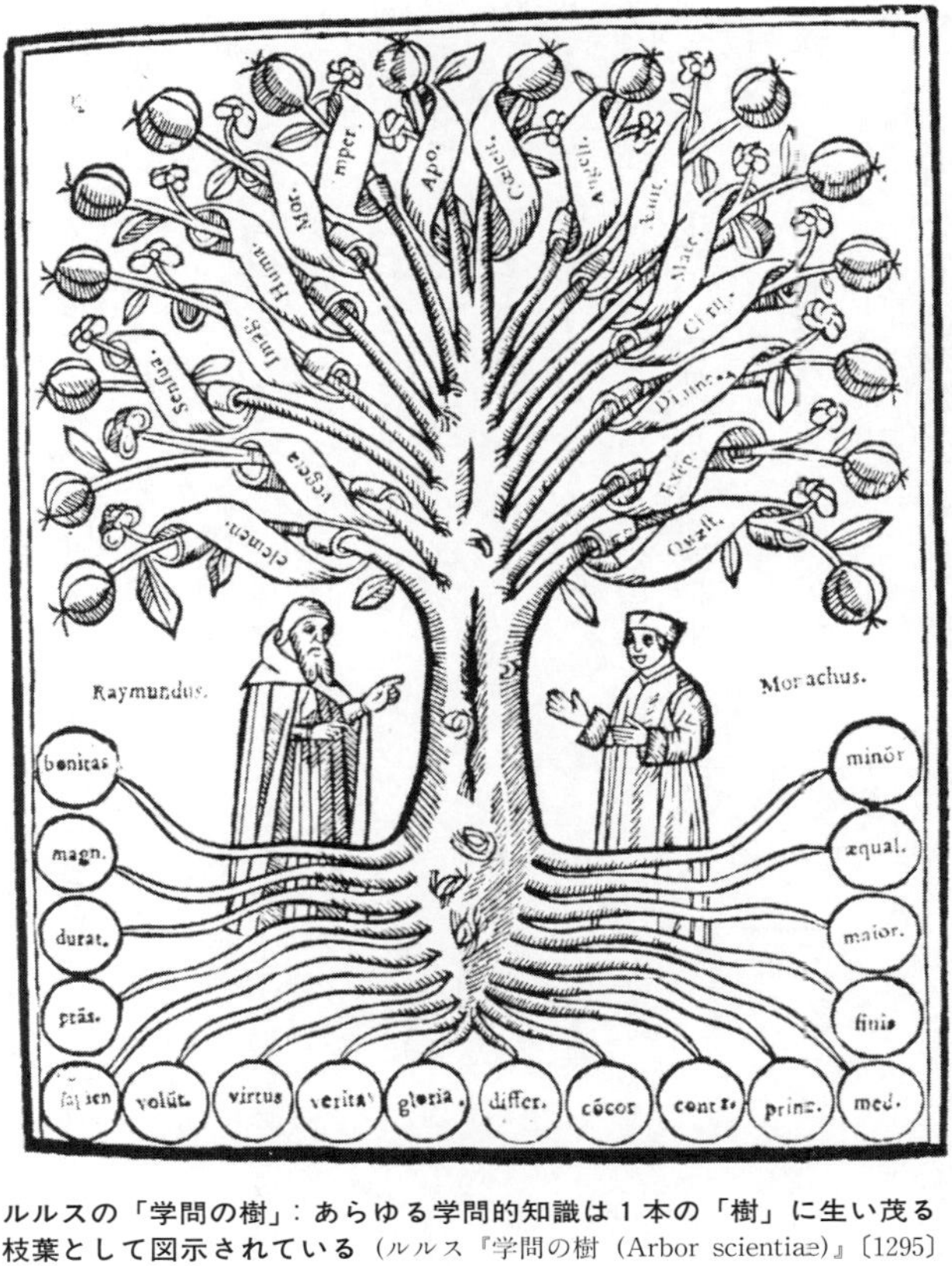

ルルスの「学問の樹」：あらゆる学問的知識は１本の「樹」に生い茂る枝葉として図示されている（ルルス『学問の樹（Arbor scientiæ)』〔1295〕による。バルサンティ〔1992〕から転載）

帰着します、即ち医学、機械学（mechanique）および道徳（Morale）、ただし私の言うのは、他の諸学の完全な認識を前提とする究極の知恵であるところの、最高かつ最完全な道徳のことです」（桂寿一訳、1964, p.24）

ここには明らかに「樹」として学問の総体を体系化しようとする姿勢が感じ取れます。

ベーコンは、デカルトに先立って、学問全体の包括的な階層分類を『学問の進歩』（一六〇五年）の中で詳述しています。ベーコンは人間のもつ「知力」をよりどころにして、記憶に基づく「歴史」、想像力に基づく「詩」、そして理性に基づく「哲学」という三つの区分に大きく分けた上で、個別の学問領域に細分化しました。

ベーコンに続く十八世紀のディドロとダランベールが編纂した『百科全書』（一七五一～八〇年）でも、新たな学問分類が示されてい

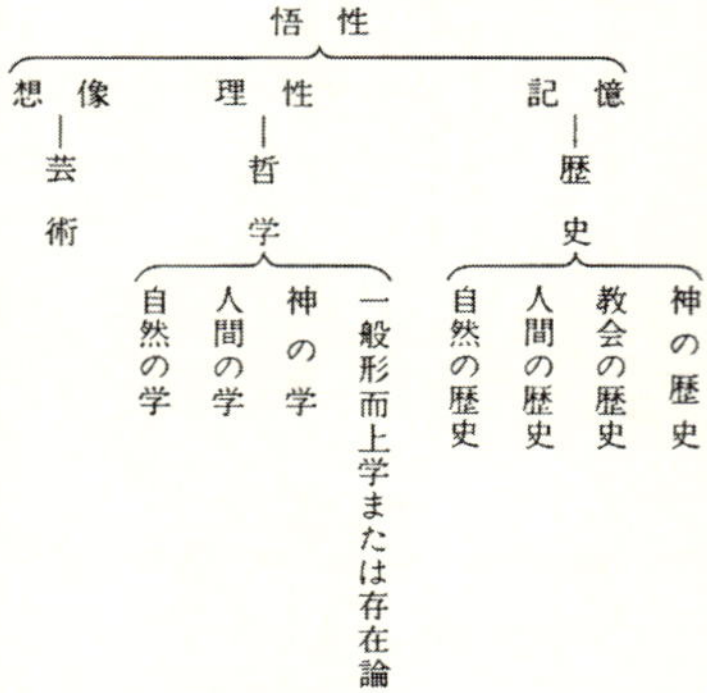

『百科全書』の学問分類：ダランベールによる「人間知識の系統図」（ディドロとダランベール編『百科全書』〔1971〕から転載）

ます。ダランベールは、先行するベーコンの構想を批判的に継承しつつ、自らの学問分類を「人間知識の系統図」として階層的に体系化しました。

げにおそるべきは分類なり

ルルスに始まるこのような学問分類の系譜は、いくつかの興味深い点を明らかにします。

第一に、図形言語としての「鎖」や「樹」は、分類するという行為にとって有用なコミュニケーション手段であるという点です。

現代の生物学の世界の中では、それらのイコンは進化とか発生という時間的変化の意味を最初から担っているかのように解釈してしまいがちです。しかし、いったん生物学の外に出てみると、それらのイコンは「変化」という意味あいが希薄になり、むしろ静的な世界観としっくりなじむような存在物どうしのつながりや、創造の秩序を図式的に表現する手段としての役割を果たしてきたことがわかります。中世哲学の中で「存在の連鎖」や「生命（学問）の樹」という図がもつ概念的な意味は、現代の学問や思想の文脈の中とは異なる語義をもっていたということでしょう。

第二に、分類のイコン（あるいはモデル）として用いられた「鎖」や「樹」は、分類対象間の階層的な順序関係（すなわち序列）を表現するのに適したグラフだという点です。

一般に、「鎖」を特殊なケースとして含む「樹」は、その分岐パターンによって類似性の階層的な構造を単純に表現することができます。なぜなら、共通属性を共有している（それゆえ互いによりよく似ている）ものどうしをあるひとつの枝にまとめることにより、たがいにばらばらにそれらの対象を理解するよりも、記憶を節約できるからです。通文化的に階層分類が世界中で採用されてきたという認識人類学が提示した知見は、その間接的な証左です。私たちは、ものを分類するときには、ごく自然に階層的な配置をしようとするので、「樹」（と「鎖」）はそのような生得的な分類思考を補助する強力なツールとなります。

第三に、分類の一般論から学問分類の各論に移ると、学問の分類体系は時代背景によってそのスタイルや基準が変遷してきたという点です。

学問間の「壁」は思いのほか低いどころか、最初からそのような「壁」は幻影に過ぎなかったと言っても誇張ではありません。私たちが無意識のうちに築いている学問分野を隔てる「壁」は、たまたま歴史の中のある時点で採用された分類基準の産物であって、その学問分類が最良であると結論できないのはもちろんのこと、それが永続するという保証もないのです。

歴史を研究する分野は、現在の学問分類の体系では〝文科系〟から〝理科系〟までさまざまな領域に散在しています。それらの分野間のつながりを積極的に築いていこうという気運がつい最近になるまで盛り上がらなかったのは、ひとえに私たち研究者が幻の「壁」の内側に自分を閉じ込めてしまい、向こう側を覗こうとしなかったからではないかと推察します。

げにおそるべきは分類なり。

しかし、歴史研究のための共通の基盤は、実はいまから一世紀半も前にすでに〝発見〟されていたのです。

2 「古因学」——過去のできごととその因果を探る学

〝歴史〟研究の共通の方法論

「深く考えなくてもよい」という免罪符は、場合によっては、たいへん心地よい研究者人生を送らせてくれます。どんな研究分野であったとしても、その学問には長い歴史があり、おびただしい数の科学者がその人生を賭けて研究に打ち込んできました。個々の研究者は、はっきり言ってしまえば、連綿と続く系譜として科学史のごく一部を担うだけの存在です。

極端な話、科学は知っていても、科学史はまったく知らない科学者だっていないわけではありません。日常的なルーチンワークとしての「科学的営為」にとって、その科学がたどってきた道筋やそこで生じたできごとについて知ることは、なくてはならない知識ではけっしてないのかもしれません。

とりわけ、科学史とか科学哲学を体系的に学んでこなかった若い世代の研究者が、それらの歴史的知識は、よほどヒマな人が入り込む横道や時間つぶしの余技ではあっても、日常的な研究活動にとっては無縁なことと考えてしまうのは無理もないことでしょう。〝建売住宅〟としての科学に安住するのは、科学者にとってはやっぱり気分的にラクなことでしょうから（肉体的にはつらくても）。

すでに骨組みができあがった学問体系の中で、与えられた問題を解き、得られた解答がフィードバック的に骨組みを補強していくという通常科学の推進に、多くの科学者が貢献しているのは紛れもない事実です。けっして〝科学革命〟だけが科学の顔ではありません。日常的な〝銅鉄主義〟もまた科学の重要な側面のひとつです。

私は、この本の中で、〝歴史〟とか〝系統〟ということばをキーワードとする「ものの見方」について論じています。その「ものの見方」は、たとえば生物の多様性を研究する「体系学（systematics）」という学問に具現されています。

もしも、私が正しい生物学者であったならば、生物体系学がいかなる学問分野であるのかについて、その〝建売住宅〟の正直な宣伝（「築後二千年、日当たりやや悪し、交通至便とは言えず、ときに喧騒や怒号聞こえる、魑魅魍魎《ちみもうりょう》の出る部屋あり」）をしたでしょう。しかし、体系学について少しでも掘り下げると、とたんにこの学問の分類そのものとか学問としての系譜を避けて通れないことに気づかされます。これは私の関心が偏っているせいでは必ずしもなく、〝歴史〟や〝系統〟を対象とする研究が本来もっている志向性なのかもしれません。

次の第3節で見るように、生物に限らず、言語や写本、文化や遺物などさまざまな対象物に関する「歴史学」的研究は、単にみかけだけ互いに似ているのではなく、もっと根本的な共通性と並行性をもっています。手持ちのデータに基づいて最良の説明仮説を選択するための共通の方法論が、これらの研究分野には見られるのです。それは「比較法（the comparative method）」と呼ばれています。歴史科学的研究を遂行するための方法論はそれぞれの分野ごとにつくられるわけですが、対象を異にする歴史研究が驚くほど共通点の多い方法論を個別に構築してきたという事実は、その背後にある知識体系化の方向性を示唆します。

各論に入る前に、まずはじめに〝分野横断的〟あるいは〝学際的〟という最近しばしば耳にすることばは、そもそも特定の学問分類のもとでのみ有効な表現であることに注意しましょう。研究領域のある仕分けのもとで別々の分野にまたがると認識されるからこそ、〝分野横断〟であり〝学際〟と呼ばれるわけです。学問分野の仕分け方が異なれば、一転して単一の学問分野に大変身することがあり得ます。歴史の研究はまさにそういう例なのです。

ヒューウェルの「古因学」

フランシス・ベーコンの流れを汲むイギリス経験主義を代表する思想家のひとりに、ウィリアム・ヒューウェル（William Whewell 一七九四～一八六六）という人物がいます。当時の科学（science）は、単に貴族たちの趣味としてではなく職業的にも自立しはじめていました。十九世紀前半に数多くの著作をあらわしたヒューウェルは、そういう科学に従事する人を指す「科学者（scientist）」ということばを新たに造ったことで有名です。さらに、職業的科学が勃興し、しだいに細分化していこうとする兆候が見えはじめた中で、ヒューウェルは科学とは何か、科学の方法論的な基盤をどこに求めるかという「科学哲学（philosophy of science）」を初めて提唱したことでも知られています。

ヒューウェルの著作はいくつもありますが、中でも主著とみなされているのが『帰納諸科学の歴史』（初版一八三七年、全三巻）と『帰納諸科学の哲学』（初版一八四〇年、全二巻）です。書名こそ別々になっていますが、このふたつの著作は事実上ひとまとまりの本であり、五巻すべて合わせると三千ページにも及びます。

ウィリアム・ヒューウェル肖像画

ヒューウェルは、イギリス経験論の基礎を築いたフランシス・ベーコンに発する知的伝統の流れにしたがい、客観的事実に基づく科学を「帰納科学（inductive sciences）」と命名し、これに対して時空や数などの概念を論じる科学を「純粋科学（pure sciences）」と名付けました。つまり、ヒューウェルがつくった学問分類それ自体も、天下り的な分類基準に基づくものではなく、それぞれの学問のもつ基本的観念（fundamental ideas）をふまえた経験主義的な分類体系でした。

本節と直接関係してとくに重要な点は、ヒューウェルが提唱した学問分類体系の中でも、とくに彼が新たに造語した「古因学（palaetiology）」という学問の定義です。少し長くなりますが、彼の本からの引用です。

「原因を論じる科学は、ギリシャ語のαιτια（原因）を語源として『因果学（aetiology）』と呼ばれることがある。しかし、このことばはわれわれが今から論じようとする推測の学問をうまくとらえきれてはいない。なぜなら、それは前進的な因果関係だけでな

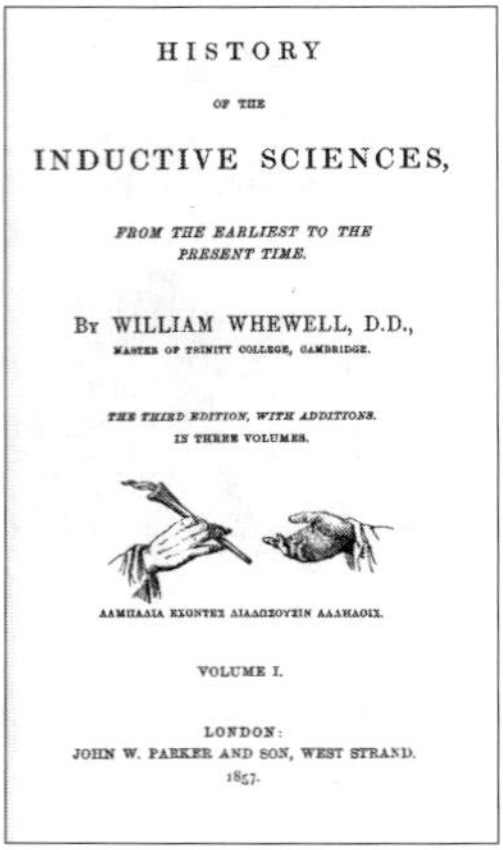
HISTORY
OF THE
INDUCTIVE SCIENCES,
FROM THE EARLIEST TO THE PRESENT TIME.
BY WILLIAM WHEWELL, D.D.,
MASTER OF TRINITY COLLEGE, CAMBRIDGE.
THE THIRD EDITION, WITH ADDITIONS.
IN THREE VOLUMES.
ΛΑΜΠΑΔΙΑ ΕΧΟΝΤΕΣ ΔΙΑΔΩΣΟΥΣΙΝ ΑΛΛΗΛΟΙΣ.
VOLUME I.
LONDON:
JOHN W. PARKER AND SON, WEST STRAND.
1857.

『帰納諸科学の歴史』表紙

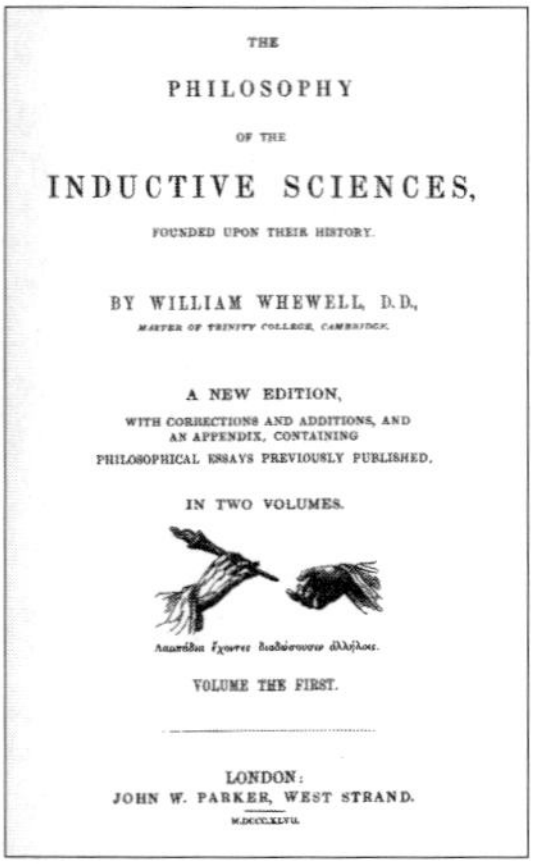
THE
PHILOSOPHY
OF THE
INDUCTIVE SCIENCES,
FOUNDED UPON THEIR HISTORY.
BY WILLIAM WHEWELL, D.D.,
MASTER OF TRINITY COLLEGE, CAMBRIDGE.
A NEW EDITION,
WITH CORRECTIONS AND ADDITIONS, AND AN APPENDIX, CONTAINING
PHILOSOPHICAL ESSAYS PREVIOUSLY PUBLISHED.
IN TWO VOLUMES.
Λαμπάδια ἔχοντες διαδώσουσιν ἀλλήλοις.
VOLUME THE FIRST.
LONDON:
JOHN W. PARKER, WEST STRAND.
M.DCCC.XLVII.

『帰納諸科学の哲学』表紙

Fundamental Ideas or Conceptions.	Sciences.	Classification.
Space	Geometry	Pure Mathematical Sciences.
Time	. . . . .	
Number	Arithmetic	
Sign	Algebra	
Limit	Differentials	
Motion	Pure Mechanism	Pure Motional Sciences
	Formal Astronomy	
Cause		
Force	Statics	Mechanical Sciences.
Matter	Dynamics	
Inertia	Hydrostatics	
Fluid Pressure	Hydrodynamics	
	Physical Astronomy	
Outness		
Medium *of Sensation*	Acoustics	Secondary Mechanical Sciences. (Physics.)
Intensity *of Qualities*	Formal Optics	
Scales of Qualities	Physical Optics	
	Thermotics	
	Atmology	
Polarity	Electricity	Analytico-Mechanical Sciences. (Physics.)
	Magnetism	
	Galvanism	
Element (*Composition*)		
Chemical Affinity		
Substance (*Atoms*)	Chemistry	Analytical Science.
Symmetry	Crystallography	Analytico-Classificatory Sciences.
Likeness	Systematic Mineralogy	
Degrees of Likeness	Systematic Botany	Classificatory Sciences.
	Systematic Zoology	
Natural Affinity	Comparative Anatomy	
(*Vital Powers*)		
Assimilation		
Irritability		
(*Organization*)	Biology	Organical Sciences.
Final Cause		
Instinct		
Emotion	Psychology	
Thought		
Historical Causation	Geology	Palætiological Sciences.
	Distribution of Plants and Animals	
	Glossology	
	Ethnography	
First Cause	Natural Theology.	

ヒューウェルの学問分類

く、力学のような永久的因果を論じる科学をも含むだろうからである。私がここで包括しようとする学問諸領域は、可能な過去だけではなく、現実の過去を研究対象とする。われわれがこれから論じようとする地質学の分科は、過去の存在（παλαι, οντα）たる生物を対象とするという理由で『古生物学（palaeontology）』と名づけられている。そこで、このふたつの概念（παλαι, αιτια）を結びつけることにより、古因学（palaetiology）という新しい言葉を導入しても不都合はないように思われる。ここでいう古因学とは過去の事象に関して因果法則に基づく説明を試みる推測の学問である」（『帰納諸科学の歴史』第三巻、p.397）

「古因学」に分類されるためには、「過去の事象に関する因果法則」を追究するという研究目的が共有されていることがただひとつの条件です。

逆に言えば、その古因学の対象物は何であってもいいわけで、それが生物であるか非生物かはいっさい問われません。実際、ヒューウェルの念頭にあった古因学のカテゴリー中には、化石・生物地理・言語・民俗・写本など一見したところ〝雑多〟な学問がひとくくりにされていました。

「古因諸科学（palaetiological sciences）と称されるクラスの科学では、対象物を現在の状態からより原始的な状態にさかのぼることができ、合理的な因果によって両者は結びつけられる。このクラスに明らかに属している例としては、地質学・語源学・比較文献学・比較考古学を挙げることができるだろう。これらの知の領域はいずれも『歴史学』とみなせる根拠がある。そこでは、地球の歴史、言語の歴史、そして技芸の歴史が論じられているからである。しかし、こういう文言はわれわれが思い描いている科学の記述としては不十分である。それらの研究分野の目指すところは、歴史学ではよく見られるような、できごとの系列を明らかにするというだけではなく、その変化がどのような原因によって生じたのかを解明することにある。これらの古因諸科学は結果だけではなく原因をも論じるのだ」（『帰納諸科学の哲学』第二巻、p.637）

現在の私たちの観点から見ても、ヒューウェルの主張は驚くほど柔軟な視点ではないでしょうか。多岐にわたる現代科学を前にして、私たちはつい先入観で〝学問分類〟してしまいがちです。たとえば理系／文系とか、実験科学／理論科学、あるいは純粋科学／応用科学というふうに。

しかし、そのような仕分けを前もってするのではなく、それぞれの科学がどのような問題意識をもって現象を解明しようとしているのかという点に着目して、分野横断的に学問世界の切り直しをしたヒューウェルは、次節で述べるように、さまざまな科学分野に散在している「系統樹」を探し歩く上で、とても頼りになるガイド役を果たしてくれます。

3 体系学的比較法：その地下水脈の再発見——写本、言語、生物、遺物、民俗……

歴史推定のための「比較法」

すでに述べたように、文化的ないし神話的イコン（図像）としての「樹」は、洋の東西を問わず広く分布しています。リヒアルト・ワーグナーの楽劇〈ワルキューレ〉に描かれているように、北欧神話やゲルマン神話では、王オーディン（＝ヴォータン）の神殿は「世界樹」の上にあるとされています。アジアの諸文明に広範に分布する「生命樹」のイコンもまた、「曼荼羅《マンダラ》」すなわち全宇宙を下から支えているとみなされています。

もちろん、生物学における「樹」は、進化概念が登場するはるか前の中世から、すでに広く使われていました。たとえば、学問そのものを樹形的に分類した〈ポルピュリオスの樹〉は、スコラ哲学の中での神学的な意味を担わされた「樹」にほかなりません。

しかし、イコンとしての「樹」は、そのままでは必ずしも歴史を研究するための解析的方法とはなりません。イコンはあくまでも解析結果を表現するための図形言語のひとつであり、対象にアプローチするためのモデル（背景仮定）にすぎないからです。イコンを導くためには方法が必要になります。それが「比較法」(the comparative method) です。

どのようにして系統樹を推定するかという問題を考えたとき、調査対象が生きものであろうとそうでなかろうと、それらに関して得られたデータが出発点でなければなりません。第1章で論じたアブダクションという推論様式は、そのデータに照らしてどの仮説（系統樹）がベストであるかを判定することを目指します。比較法はこのアブダクションを実行するためのツールだといえるでしょう。

たとえば、生きものであれば、形態・生理・行動・生態、そして最近ではDNAの塩基配列データなど、さまざまなデータが入手できます。しかし、データがどれほど豊富にそろっていたとしても、それだけでは過去は復元できません。なぜなら、すでに時間的に過ぎ去ってしまった単一の歴史的事象は、もはや再現できないからです。そこで威力を発揮するのが、データの比較に基づく歴史推定、すなわち比較法に基づくアブダクションです。

先年、大きな評判を呼んだジャレド・ダイアモンドの『銃・病原菌・鉄』(Diamond 1997)という壮大なヴィジョンのもとに書かれた本があります。この本は、今の地球上に見られる人類の文化・社会・国家のちがいが、地球環境とどれほど密接に関わって進化してきたのかを説得力をもって示しました。それと同時に、人類史研究という歴史科学が、物理学などとは異なる比較法を踏まえた独自の論理をもっていることを、みごとに示した本でもあります。世界中に散らばる多様な文化とそれを担う社会の特徴(生物地理的ならびに環境地理的)を相互比較することにより、どのような要因が過去一万三千年にわたる人類史を左右してきたのかについて彼は推論しました。

このような比較法を通じて、私たちは直接には観察できない過去の事象に関する仮説を、はじめて経験的にテストすることができます。歴史(進化)に関するアブダクションは、比較法によって実行可能になるということです。

比較文献学から比較言語学へ

「比較法」という用語は、いくつかの学問分野で並行して用いられてきました。人間の諸言語がたどってきた歴史と類縁関係を研究する比較言語学では、生物学よりもはるか前に、比較法は言語系統樹を推定する方法として広く用いられてきました。たとえば、ドイツ言語学の確立に寄与した十八世紀のフリードリッヒ・シュレーゲルは、比較形態学が自然史に光を当てるように、比較文法は言語の血縁関係を探るのだと明言しました。

言語学における比較法の定着に大きく寄与したのは、やはりドイツのアウグスト・シュライヒャーでした。彼は勤務先であるイェナ大学の同僚であり、チャールズ・ダーウィンの進化学をドイツに普及させた最大の功労者であるエルンスト・ヘッケルに共鳴するように、一八六〇年代にダーウィン理論に基づく比較言語学、そして言語系統樹づくりに邁進しました。

しかし、シュライヒャーを言語系統学に導いたのは、実はダーウィンやヘッケルではありません。むしろ、それ以前に彼が比較文献学の教育を長く受けてきたことが、彼をして言語系統樹の重要性を認識させた根本原因であるとヘンリー・ホーニグズワルド（1987）は指摘しています。

実際、シュライヒャーがスラヴ語族の言語系統樹を公刊したのは、ダーウィンの『種の起源』（一八五九年）やヘッケルの『生物の一般形態学』（一八六六年）よりもずっと前の、一八五三年のことでした。同じ年に、偶然にもチェコのフランティシェク・ラディスラフ・チェラコフスキーが、やはりスラヴ語族の系統樹を発表しています。

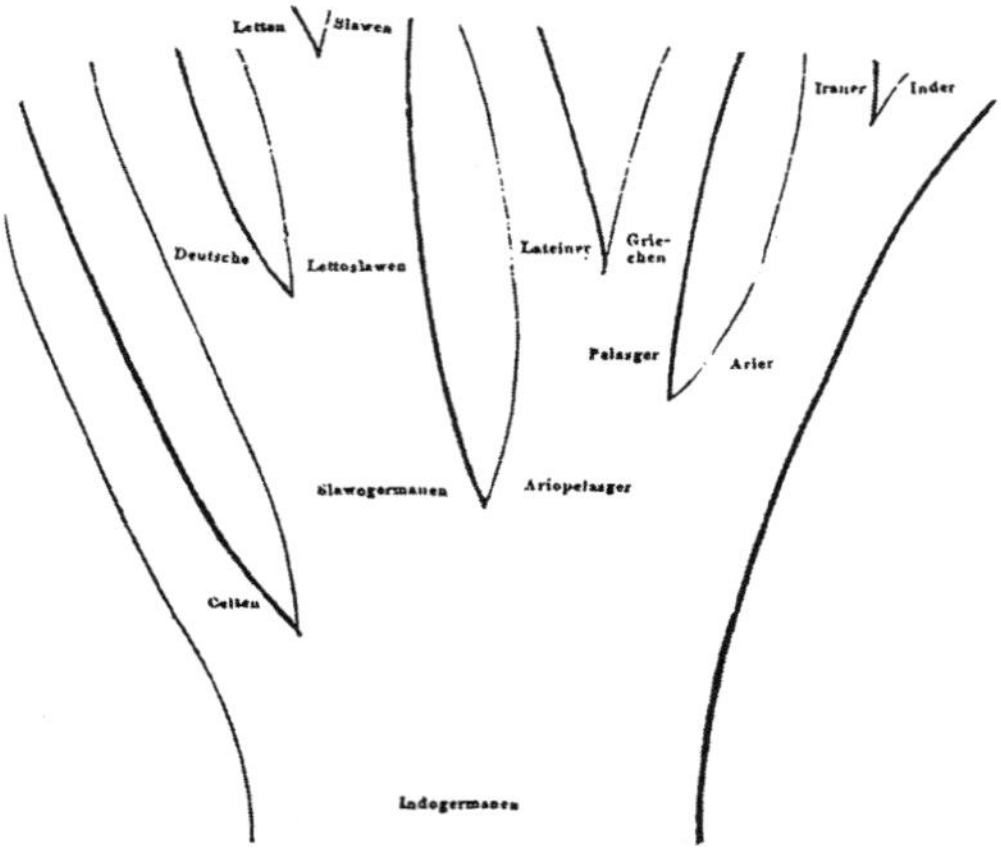

シュライヒャーの言語系統樹（1853年）

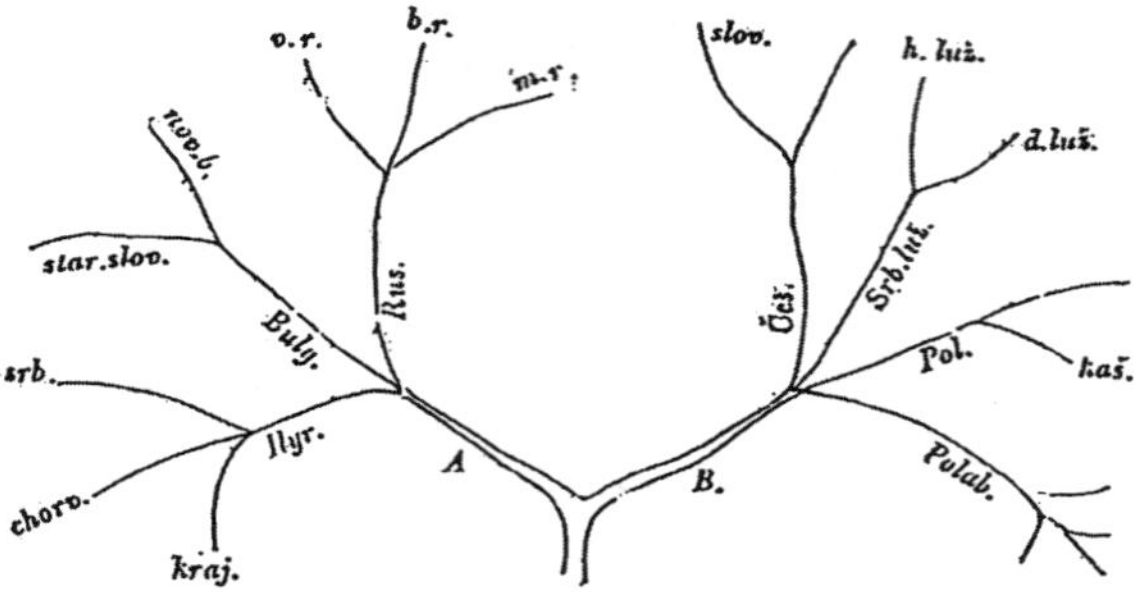

チェラコフスキーの言語系統樹（1853年）

比較言語学の母体となった比較文献学では、現存する複数の古写本（異本）間の比較を通じて、失われた祖本の構築を目指します。そのとき、異本のもつ派生的ミス（字句の欠落・重複あるいは段落順の移動など）の共有性を手がかりにして、写本系図（manuscript stemma）を構築する方法は、比較法にほかなりません（Maas 1958; Hoenigswald and Wiener 1987）。

シュライヒャーは、この方法論を言語にも適用し、言語間での派生的な特徴（とりわけ音韻論に着目して）の共有に基づく言語系統樹を一八五三年に公表したわけです。したがって、シュライヒャーの比較法は、ダーウィンやヘッケルではなく、それ以前の十八世紀に比較文献学においてすでに確立されていた写本系図の構築法の拡大適用とみなせるでしょう。ちなみに、この系統推定法とまったく同じ手法は、現在の生物系統学では最節約法と呼ばれており、形態的特徴から核酸・アミノ酸の分子配列データにいたるまで広く用いられています。

時間的変化と空間的変化

歴史推定のための比較法を確立した比較文献学や比較言語学は、さらに民俗学の方法論にも大きな影響を残したと岩竹美加子（1999）は指摘しています。確かに、「民俗学は現在事象の分類比較によって、過去の変遷推移を跡づけ、その原初形態をもたづねようとする」（堀 1976：岩竹 1999に引用）という学問目標の設定の中に、比較法のモチーフを読み取ることはきわめて容易です。

たとえば、フィンランド学派民俗学の始祖であるカールレ・クローンの『民俗学方法論』（一九四〇年）には、民間伝承（民話）の基本様式を再建するために、地理的に多岐にわたる類似伝承を相互比較するという基本方針が述べられています。これは、まさに比較法の精神そのものです。

時間的変化をたどる生物系統学が、同時に空間的変化を追究する生物地理学とも密接に関係するのと同様に、民俗学においては、単に時間的次元だけでなく、平面的な空間的次元をも考慮しなければなりません。岩竹は、シュライヒャーの「家族樹説」ならびにそれと対立して提唱されたヨハネス・シュミットの「波紋説」がどちらも民俗学に導入され、それぞれ「重出立証法」および「方言周圏論」という名で、日本の民俗学に導入された興味深い経緯があったと述べています。

重出立証法とは、伝承間で共有される特徴を逐次的につなげていくことにより変遷過程を復元する方法です。他方の、方言周圏論とは、古い時代の言葉ほど周辺地域に残存するという主張です。前者は伝承の時間的な復元を目指すのに対し、後者は地理的な復元を目指します。

重出立証法と方言周圏論は互いに対立するもので、しかも互いに補いあうべきものと岩竹は解釈しているようです。しかし、生物系統学ならびに生物地理学の観点からみた場合、むしろ両者は、もともとひとつのものの時間的断面と空間的断面に相当すると理解したほうがいいように私は考えます。つまり、ある文化的伝承（あるいは考古学的遺物）を、時空的に変化する系譜（lineage）として一体的に理解しようという姿勢です。

生物の系統発生は、祖先から子孫に向かって分岐あるいは融合しながら変化してきました。もちろん、この過程で地理的な分布の変遷があったことは言うまでもありません。大陸移動やさまざまな気候的・地史的要因の作用により、生物の系統樹は時間的のみならず地理的な広がりをもって現在にいたっています。体系学（systematics）と私たちが呼んでいる学問は、系統発生と生物地理とを融合させ、系統推定をベースにして進化過程の時空的復元を目指しています。比較民俗学あるいは比較考古学においても、これとまったく同様に、伝承や遺物の時間的変遷と地理的変遷とを一体化して解析することが可能でしょう。

生物にとどまらず、言語・写本・民俗・文化・遺物などなど、自然科学・人文科学の壁を越えた「比較法」に関する共通点を探ることにより、歴史を推定し過去を復元するという歴史科学（古因学）の共通の方法論を確立することができるだろうと私は期待していま す。何よりも、諸学問分野を太く貫いてきた〝地下水脈〟の存在にいったん気づいてしまうと、もう後戻りはできないはずです。

比較法は、個別科学での改良に加えて、そのツールを共有する諸学問領域を互いにクロスオーバーさせることにより、実り大きな成果が得られるようになってきました。私たち人間がもつ言語・写本・民俗・文化の進化もまた、ヒトの系統樹と関連づけることにより、生物進化の議論と合体させるという近未来的目標も立てられるでしょう。

生物の樹、言語の樹、写本の樹、民俗の樹など、いまは別々の学問分野でそれぞれ育てられている系統樹たちは互いに絡みあいつつ、最終的にはある一つの大きな樹――すなわち「生命の樹」(the Tree of Life)――をかたちづくることになる、それは夢物語ではなくなってきたということです。

4 「系統樹革命」——分類思考と系統樹思考、類型思考と集団思考

現代生物学がもたらした〝思考法の変革〟

現代生物学の「革命」は分子生物学がもたらしたと多くの人が考えています。確かに、一九五三年に『ネイチャー』誌に発表されたジェイムズ・D・ワトソン-フランシス・H・C・クリックによるDNA二重螺旋《らせん》モデルの提唱、そしてそれに続く分子生物学の大躍進は誰もが知っています。実際、分子レベルで初めて解明された生命の謎は数知れません。

しかし、現代生物学が過去半世紀にわたって私たちに提供してきたもの、そしてこれから将来に向かって私たちに与えようとしているものはけっしてそれだけではありません。現代生物学のもうひとつの側面で長足の進歩を遂げてきた進化生物学に焦点をしぼるならば、それは単に一科学の進展というだけにとどまらず、私たちの文化・思想・社会にまで射程を広げつつある〝思考法の変革〟と言ってもいいでしょう。これまでも述べてきたように、進化学的な、体系学的な、そして系統学的な〝思考法〟は、対象物を選ばないと

いう点で、そして学問の別を問わないという点で、普遍的性格を帯びています。

ブンゾウ・ハヤタの動的分類学

「自然科学」と呼ばれる研究者コミュニティにあっては、国籍や民族あるいは言語によって、研究の内容や成果の広がりが妨げられることは実質的にはほとんどないでしょう。現在のように、科学者が自ら世界を股にかけて行き来し、数多くの国際的な会議や専門誌があり、さらにはインターネットを通じての情報公開が研究スタイルとして浸透してくると、研究者コミュニティの一部でのローカルな話題が、ほどなくグローバルな共通トピックスに成長する可能性はいつでもあります。

もちろん、今ほど情報の流れがスムーズではなかったかつての科学の世界にあっても、魅力的な学説や論文が発表されると、その反響が地理的にも言語的にも離れた思わぬところに見いだされることがありました。

今から七十年ほど前、オランダの高名な植物分類学者だったH・J・ラムは、生物学における系統樹（phylogenetic trees）という「図像（icon）」の使用の歴史をたどった総説論文を発表しました（Lam 1936）。図像としての「系統樹」に着目した先駆的な科学史研究のひとつとみなされるこの論文の冒頭には、「ブンゾウ・ハヤタの高貴なる精神を追憶して」

という献辞が置かれています。ラムの論文が出る二年前に急逝した「ブンゾウ・ハヤタ」こと早田文蔵（一八七四〜一九三四）は、当時日本の領土だった台湾で、台湾総督府の嘱託研究員として調査をし、後に東大理学部教授を務めた植物分類学者でした。

台湾植物相に関する大部の研究書を遺した日本人研究者と、オランダの名門ライデン国立植物園の研究者とを結びつけたものは、何だったのでしょうか。それは、早田がその十数年前に発表した、生物分類に関する一般理論としての「動的分類学（dynamic taxonomy）」でした。二十世紀前半の時代に、日本人がこのような理論分類学の分野で国際的な注目を集めたことは、稀有《けう》の例として特筆されるべきでしょう。

早田の主著である『臺灣植物圖譜』（全十巻）は、一九一一〜二一年の十年間にわたって毎年刊行されました。とりわけ、最終巻である「第拾巻」は、早田が彼自身の分類理論を初めて公表した記念すべき巻であり（Hayata 1921b）、彼はその「動的分類学」の理論体系を死の直前まで改訂し続けました（Hayata 1931）。

動的分類学の根幹は、森羅万象の存在物が織りなす高次元ネットワークにあります。第4章で詳しく説明しますが、体系学にとっての〝ツリー〟や〝ネットワーク〟は、研究対象を記述するための「モデル」であるとみることができます。早田は、この世の万物が形成する網状ネットワークを踏まえた分類体系こそ、「自然な関係」に基づく「自然分類」

であるという確信を抱いていました（Hayata 1921b, p.99）。その自然分類に到達するために、恣意的に選ばれた単一形質に基づく「静的分類」ではなく、ネットワークを成す複数形質を踏まえた「動的分類」を構築しなければならないという目標を彼は据えました。

早田の論文には、きわめて印象的な彩色図一葉が掲載されています（Hayata 1921a）。ビーズ状に色分けされているのは「遺伝子」であり、それが複数の曲線によって結びつけられています。このような要素間の結合を多次元化したものが、早田のイメージした高次元ネットワークでした。

興味深い点は、早田がこのようなネットワークをそもそも思いついたきっかけは、天台宗華厳経の教義をたまたま知ったからだと論文中に書いていることです（Hayata 1921a, p.80, p.84; Hayata 1921b, p.104）。

ある科学理論のひらめきを与えるのは、必ずしもデータであるとは限らず、場合によっては偶然の賜物だったり、時として宗教的啓示だったりします。早田の場合も天台宗の教義が「科学する心の支え」になっていたのかもしれません。この論文の後も彼は、進化理論に対抗する彼独自の「参与理論」を述べるにあたって、繰り返し天台宗（とくに華厳経）の教理に言及しています（Hayata 1921b）。よほど心に刻み込まれた宗教的体験があったのでしょうか。

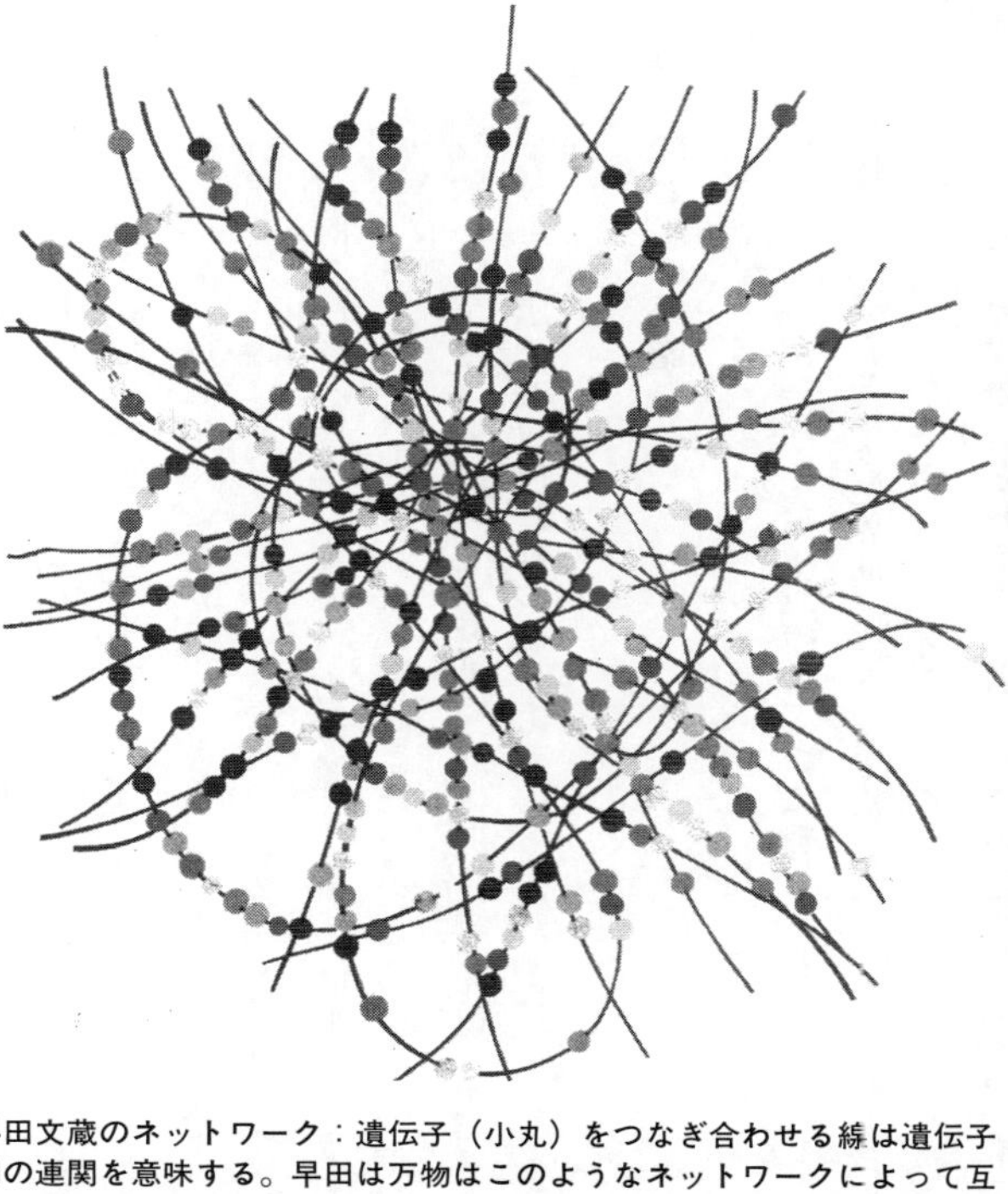

早田文蔵のネットワーク：遺伝子（小丸）をつなぎ合わせる線は遺伝子間の連関を意味する。早田は万物はこのようなネットワークによって互いに関連づけられていると主張した（Hayata 1921aの彩色図版から転載）

早田は、ネットワークに基づく動的分類の実際の手順として、多次元形質空間（複数形質の全体）を低次元に射影した上で、そこで発見されたパターンを組み合わせて自然分類を構築しようと考えていました。いまの統計学でいえば、彼の方法はおそらく多変量解析の一手法としてしかるべき文脈に置くことができたでしょうが、彼が生きた一九二〇〜三〇年代という時代が、彼の理論に追いついていなかったのかもしれません。

後に一九六〇年代以降、生物分類学の新しい方法論として一時期流行した数量分類学（numerical taxonomy）の世界的教科書（Sokal and Sneath 1963）に、早田の動的分類学への言及があるのは当然のことでしょう。たとえ極東の地で提唱された学説であっても、世界的な研究者コミュニティに広まる可能性はつねにあるのです。

生きている科学理論とその系譜

早田の動的分類学は、たとえ生物分類の実践的な方法論としては有効でなかったとしても、後世にインスピレーションを与えた学説のひとつに数えられるでしょう。つい最近、包括的な著作集の刊行が完了した中尾佐助（一九一六〜一九九三）も、動的分類学から深い影響を受けた一人です。

かの「照葉樹林文化論」の提唱者としてその名を残す中尾佐助ですが、その一方では動的分類学を踏まえた普遍分類学への一般化を試みています。まだ京大農学部の学生だった一九四〇年代に、中尾は木原均の指導のもとに大麦を対象とする動的分類体系の構築をもくろみました。

そして、晩年の著書『分類の発想：思考のルールをつくる』(中尾 1990) の最終章では動的分類をテーマにあえてとりあげて、生物だけでなく無生物の分類への適用の可能性を論じています。少なくとも中尾にとっては、単なる生物分類の一手法としてではなく、もっと一般的な分類原理として早田の学説が受容されていたのだと推測されます(三中 2005)。

いったん世に生まれ出た科学理論は〃生きもの〃であり、科学者とそのコミュニティの間を伝承されていく過程で、さまざまな改変や再解釈を受けつつ、ある期間を生き長らえていきます。科学理論もまた時空的に変化する系譜をつくるからです。対立理論が新たに提唱され、それがしだいに浸透して、ついには先行理論が安心して捨てられるにいたるまでの科学理論のライフサイクルを考えるとき、生き抜いてきた学説がどれほどの影響を及ぼし得たのかという点に関心が向けられるでしょう。

早田文蔵の動的分類学は、私が見るところ、すでに科学理論としてはその寿命を終えているように見えます。しかし、それは、ある科学理論がどのようにしてその生涯を送ったかをたどる、格好の事例を提供してくれます。

生きている科学理論は、コミュニティへの浸透速度にちがいはあるにせよ、いずれは構成メンバーである科学者のもとに到達するでしょう。しかし、到達した理論がコミュニティのレベルでどのくらいの衝撃度をもち得るかは、別の問題です。学問分野の間に「壁」がもしあるとするならば、その「壁」の高さは新たな理論に対抗する防衛反応の強さとして発現するにちがいありません。以下では、系統樹とそれがもたらした「革命」に焦点を当て、この問題を論じることにします。

系統学者デイヴィッド・M・ヒリスは、一九九〇年以降の生物学諸分野においては「系統樹革命（the phylogenetic revolution）」が起こりつつあると指摘しました（Hillis 2004）。ヒリスのいう「系統樹革命」とは、一言でいえば、生物学のほとんどの分野で、推定された系統樹をベースとする比較研究のスタイルが、近年急速に浸透してきたという現状を指しています。実際、一九九〇年以降の生物学論文をサーチしてみると、「系統」とか「系統学」というキーワードをタイトルにもつ論文数は、それまでは年間たかだか二百〜三百編だったのに、いきなり一千編を超える論文が毎年発表されるようになりました。その後もその論文公刊ペースは維持され、二〇〇一年には実に年間五千編もの系統学論文が公表されるようになったとのことです。

ほんの十年の間に二十五倍もの発表論文数の加速度的増加が見られたという事実は、生物学者の間に「系統樹が研究を進める上で不可欠だ」という基本認識が広まりつつあることの現れといえるでしょう。

進化現象だけでなく、生きものの生態や個体発生を論じるとき、あるいは人間の心理や認知について考察するときでさえ、その時点でのデータから推定された系統樹に照らして、可能性のある進化プロセスなり系統発生シナリオを論じる必要があります。さらにいえば、このことは、生物学だけではなく、上述の歴史言語学や写本系譜学あるいは進化考古学など、古因学諸分野すべてに波及する可能性があります。

系統樹思考と分類思考

系統樹思考（tree-thinking＝樹思考）と分類思考（group-thinking＝群思考）という対比を、ここで考えてみましょう。前者は対象物の間の系譜関係に基づく体系化を意味し、後者は同じ対象物を離散カテゴリー化によって体系化することを指しています。たとえ対象が同じであっても、系統樹思考と分類思考では問題の立て方そのものが根本的に異なっています。分類思考は眼前にある対象物そのもののカテゴリー化（すなわち分類群の階層構造化）を目標とするのに対し、系統樹思考は対象物をデータ源としてその背後にある過去の事象（分岐順序や祖先状態）に関する推論を行うからです。

系統樹思考と分類思考の背景について簡単に説明しましょう。

世界各地の先住民族は、身の回りの動植物相をそれぞれ独自の生物分類——民俗分類（folk taxonomy）と呼ばれています——をつくることで整理してきました。彼らの知識体系をかたちづくってきた民俗分類を通文化的に比較してみると、比較的層の浅い階層的な分類を共通して行っていることがわかりました（Berlin 1992; Medin and Atran 1999）。互いに行き来のない民族どうしがこのような共通性をもっていることは驚くべきことです。

さらに、そのような民俗分類の形式は、十八世紀にスウェーデンの博物学者カール・フォン・リンネが確立し、現在もなお広く用いられている科学的な生物分類（リンネ式分類）とも共通しています。つまり、階層的な生物分類は、けっして西洋文明のもとでのみ成立し得た社会的・文化的な構築物ではなく、むしろ私たち人間に生得的に備わっている分類性向（対象物を認知的に階層カテゴリー分けする性向）に適合した分類様式であることが示唆されます。このことは、乳幼児の分類行動を調べた発達心理学の研究結果とも整合しています。

現代の分類学者の多くが求める理想の分類は「自然分類」とされています。ところが、生物分類が「自然」であるとはどういうことか、という肝心な点でいまだに合意が得られていません。私の考えでは、自然分類とは、人間が生得的にもっている認知性向にもっと

分類思考

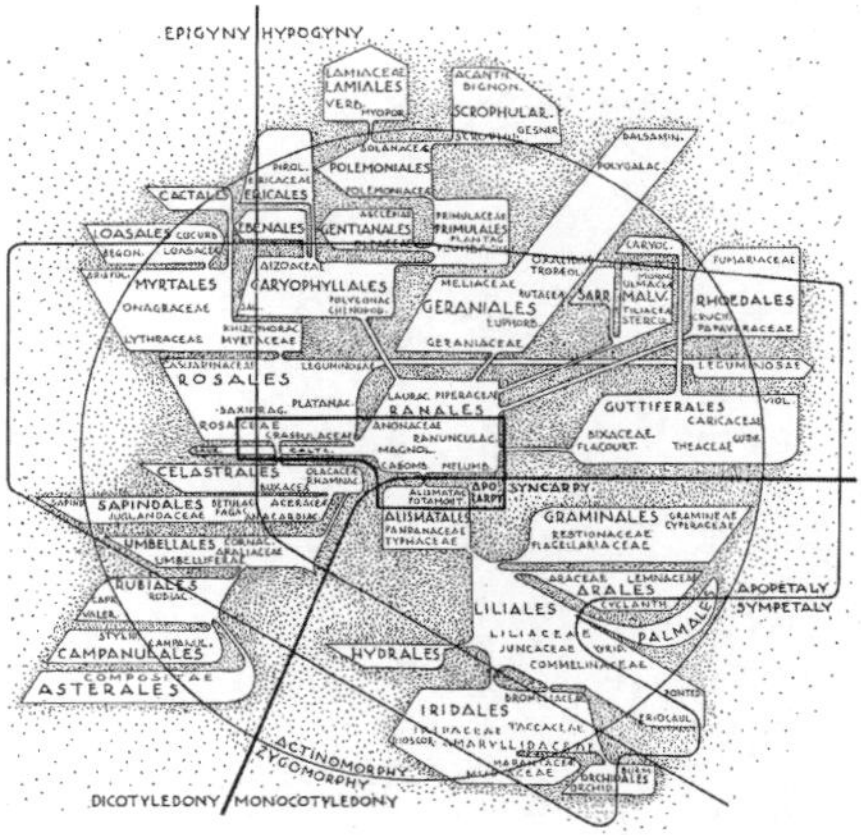

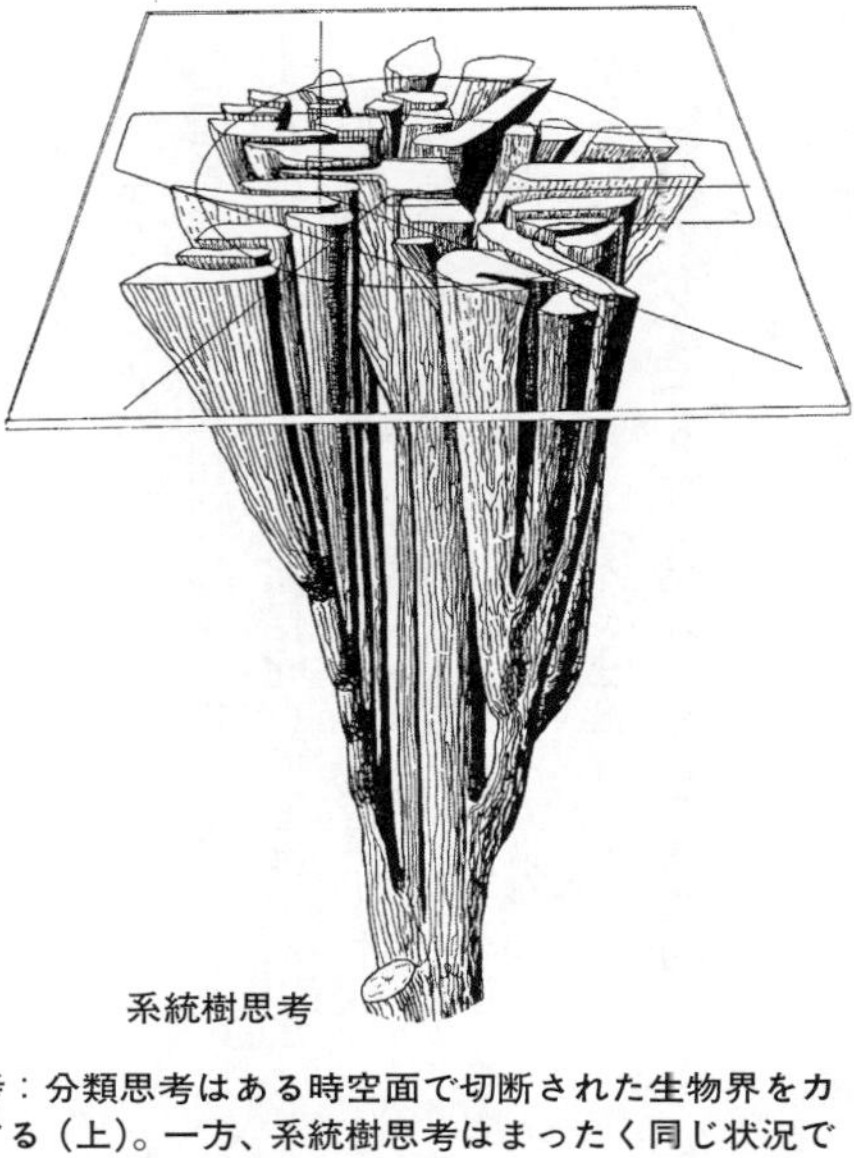

系統樹思考

系統樹思考と分類思考：分類思考はある時空面で切断された生物界をカテゴリー化しようとする（上）。一方、系統樹思考はまったく同じ状況で過去の進化に関する推論をしようとする（下）（R. L. Rodriguez〔1950〕, Madroño, 10, p.217から転載）

も合致した分類体系であるということです。分類思考に即した自然分類は、おそらく認知心理学的な研究の延長線上に到達できるものだろうと私は推測しています。

他方、系統樹思考には進化的な概念体系が必要になります。つまり、対象物の間に何らかの由来に伴う系譜関係の存在（生物であれば、祖先子孫関係）を仮定し、その関係に基づいて対象物を体系化するという思考法です。

分類思考とは異なり、系統樹思考は必ずしも認知心理的背景をもっていないようです。なぜなら、私たち人間はもともと心理的な本質主義者であり、対象物には本質が内在すると認知してしまう傾向があるからです（Lakoff 1987）。〝ヒト〟には〝ヒト性〟、〝サル〟には〝サル性〟という「本質」があると仮定する心理的本質主義は、進化的思考とは根本的に矛盾します。あるカテゴリー（〝ヒト〟や〝サル〟）に本質（〝ヒト性〟や〝サル性〟）が存在するとみなすかぎり、カテゴリー間の移行（進化）は原理的に不可能だからです。

したがって、心理的な本質主義が人間の認知性向であるとみなされるかぎり、進化的思考ならびに系統樹思考は必然的に認知的基盤をもたないと言わざるをえません。つまり、私たちは生まれながらの分類思考者だから、系統樹思考は「ものの見方」として意識的に採用する必要があるということです。

系統樹革命のルーツ

二十世紀末から始まった系統樹革命は、少なくとも科学者コミュニティの中で系統樹思考を広める上で効果的でした。しかし、それはここ十年あまりの間だけの気運ではありません。これまで述べてきたように、連綿と続く古因学の地下水脈を考えるならば、系統樹革命のルーツは、少なくともさらに一世紀半はさかのぼる必要があります。

チャールズ・ダーウィンが『種の起源』（一八五九年）を出版してから一世紀半が経過し、生物進化のもっとも基本的な過程のひとつである自然淘汰が、ちょうど万物に作用する万有引力のように、ある環境のもとにある生物集団の中の遺伝的変異に作用する「力」であるという理解が広まりました。

この理解の前提にあるのは、当時の類型思考（typological thinking）すなわち生物が不変の本質（essence）をもつ類型学的な存在であるという考えを切り崩し、生物は遺伝的な変異を有する個体の集まりであるという集団思考（population-thinking）の仮定です。前述の系統樹思考は生物の間には「系譜」があるという考え方をし、集団思考はその系譜が形成される「力」が作用するという考え方です。この両者がそろうことで、私たちははじめてパターンとしての系統樹とプロセスとしての自然淘汰とを結びつけることができます。

もちろん、自然淘汰だけが系統樹を生み出す力ではないことに注意しなければなりません。挿話的な地史的現象（大陸移動や隕石落下のような）が生物の進化史を彩ってきたことは明らかであり、このようなできごとがその後の進化の道筋を変えたであろうことは当然あり得ます。しかし、偶発的な進化的エピソードと万有引力としての自然淘汰はけっして対立する要因ではありません。どちらも、進化の過程に対して影響を及ぼしてきたでしょう。

早田文蔵は、ダーウィンやヘッケルの学説は「系統樹」という分岐的な系統関係を前提とする点で誤っていて、むしろ分岐的ではなく網状の「ネットワーク」によって、もっと現実に近いより複雑な関係を考察すべきだと主張しました（Hayata 1931）。最先端の系統推定論では、分岐的ツリーを越えた、網状ネットワークの復元を開始していることを考えると、早田のこの主張にはきわめて現代的な意味あいがあることがわかります。

進化の系譜がどのような〝かたち〟か（ツリーかネットワークか）は、それ自体が系統推定上のモデル選択問題のひとつであり、先験的にではなくむしろ経験的に決定されるべきであるということを第4章で言及します。

社会生物学論争における科学観の対立

周辺分野への波及効果を潜在的にもっている進化生物学は、行く先々でさまざまな波紋や論議を巻き起こしました。その中でも、とりわけ科学者だけでなく一般社会をも巻き込んで多くの人びとの耳目をそばだたせたのが「社会生物学論争」でした。

社会生物学（sociobiology）とは、ハーヴァード大学の昆虫学者エドワード・O・ウィルソンが一九七〇年代にまとめあげた生物学の理論体系です。彼は、自分の専門領域であるアリ類の進化・系統・分類の研究を踏まえて、人間をも含む生物のすべてを包括する進化生物学・進化生態学を構想しました。

ウィルソンの社会生物学が社会的に大きなインパクトを及ぼし、そのために大きな論争に発展した理由は、彼が「人間」の行動・文化・心理・社会までも生物学の射程の中に置こうとしたことにありました。伝統的に、人間に関わる人文・社会科学の世界では、〝生物としての人間〟という側面が軽視され、場合によっては、生まれ育った環境によって人間はいくらでも変化し得るという極端な環境決定論さえ声高に論じられてきました。そのような状況のもとで、人間もまた生物学の基盤の上に理解されるべきだというウィルソンの主張に対する抵抗ないし反感が高まったことは十分に想像できます。実際、その通りになりました。

進化生物学は、あるいはもっと広く生物学は、人間の行動・文化・倫理そして社会に対してどこまでものが言えるのだろうか、人間は生物として特殊だから生物学の埒外《らちがい》に置かれるべきなのか、それとも霊長類（あるいはその他の生物）と同列に進化の枠組みの中で考察されるべきなのだろうか――一九七〇年代にはじまり二十年以上にわたって延々と続いたこの「社会生物学論争」の経緯は、ウリカ・セーゲルストローレ（2000）の大部の本に詳述されています。以下では、進化や系統という〝ものの見方〟が経験した一事件としてこの論争をたどることにしましょう。

ウィルソンの大著『社会生物学』（一九七五年）の出版をきっかけとするこの論争では、多くの論点やテーマがからまっていました。その中でもとくに印象深かったのは、「知識」に対する根本的な見解のちがいが、論争者の間で際立っていたという点です。

社会生物学批判派の将として戦い続けたリチャード・ルウォンティンは、実験を通じて得られた〝ハードな事実〟のみを賞賛し、その基準を満たさない〝ソフトな推論〟の意義をいっさい認めませんでした。実験科学的な方法こそ「善き科学」の本来のあり方だとみなすルウォンティンの立場からすると、進化生物学や行動遺伝学で実行されているモデル化に基づく立論やさらには統計学的な推論まで含めて、「容認されざる行為」という判決を下されることになります。これは、事実関係のレベルでの見解の相違などではなく、認識論のレベルでの断絶があったのだとセーゲルストローレは言います。

伝統的な科学哲学では、反復実験が可能な物理学がモデルだったために、進化学（および他の古因学）が対象とするユニーク（唯一的）な事象に関する「歴史」の科学的地位についての考察は、必ずしも十分ではありませんでした。歴史学ははたして科学であり得るのかという問いかけが幾度も発せられること自体、科学哲学がいまだ成熟していなかった証しだといわねばなりません。生物の系統発生を復元し、進化過程に関する推論を行うという進化学・系統学のサイエンスとしての姿勢は、従来的な科学観と知識観に再考を促してきました。

経験科学としての「歴史の復権」——それは、歴史は実践可能な科学であるという基本認識にほかなりません。そして、その実践を支えているのは系統樹思考であり、一般化された進化学・系統学の手法です。

進化生物学はダーウィン以来の一世紀半に及ぶ道のりの末に、人間を含むすべての生物を視野に入れるヴィジョンをもつにいたりました。それは同時に、関連諸学問をこれまで隔ててきた「壁」をつきくずす古因学を現代に甦らせ、さらには、科学哲学と科学方法論の再検討を通じて歴史の意味そのものをわれわれに問い直させました。これこそが「万能酸」（ダニエル・デネット）としての進化思想が諸学問にもたらした衝撃だったのです。

しかし、提示したことがらそれ自身を別のことがら自身によって誰かが反駁してくれて、もしそれが私を何らかの誤りから救ってくれた場合には、その人には最大限の感謝を私は表すであろうし、また、誰かがそういった心づかいを示してくれただけであっても、同様に多くの感謝を捧げるであろう。

（ジャンバティスタ・ヴィーコ『学問の方法』、一九八七年、pp.151-152）

インテルメッツォ　系統樹をめぐるエピソード二題

名を秘す王子：「人の力では私を引き留めることはできない。私は熱に浮かされ、ものに憑かれているのだ」
女奴隷リュウ：「そのような忌まわしい魔物に打ち勝ってくださいまし」

（ジャコモ・プッチーニ、歌劇〈トゥーランドット〉第1幕）

1 高校生が描いた系統樹——あるサイエンス・スクールでの体験

系統推定論への参道

これまでの章では、生きものにかぎらず、もっと一般的で普遍的な、いわゆる理系／文系の「壁」さえも越えてしまった、系統樹に基づく世界観（「系統樹思考」）を中心にして話を進めてきました。ここからは、軸足をもう少し生物寄りにシフトさせ、私たちが観察や実験によって得たデータからどのようにして系統樹を導き出すのかという問題を考えてみましょう。これは系統推定論という分野への参道になります。

先に進む前に、生物の多様性を研究対象としてきた学問分野とはどのようなものかについてまとめておきましょう。体系学（systematics）とは地球上にいまいる、あるいは過去にいたさまざまな生物をある基準や規則に則って整理する学問です。そして、生物間の類似性に基づくグルーピングによって体系化を目指すのが分類学（taxonomy）であり、生物がたどってきた系統発生に則って体系化しようとするのが系統学（phylogenetics）です。前章の表現を借りるならば、分類学の基盤は群に関する分類思考であるのに対し、系統学のそれは系統樹思考であるということになります。

以下で焦点をあてる系統推定論とは、この系統学の中で、とくにデータから系統樹を推定するための理論と方法を論じる学問です。系統推定論は、アリストテレス以来の長い歴史をもつ体系学から派生した研究分野ですが、学問分野としての独自の道のりを歩み始めてから、まだそれほど長い時間が経過しているわけではありません。しかし、少なくともここ十年あまりの状況を見渡すと、もともと元気のよい進化生物学の中でも、とりわけ活発な研究者コミュニティがつくられていることがわかります。

学問分野の成熟とともに、大小さまざまな未解決問題が解決され、概念的にも理論的にも精緻《せいち》な体系が築きあげられるようになります。とりわけ成長著しい研究領域では、多くの（とくに若手の）研究者がその分野の中で研究を進めることで、活気のある学界の雰囲気が醸成されます。

急速に進展する研究領域では、最先端で出力されつつある研究成果は、同じ研究コミュニティの「中」でさえ相互に伝わるまでに時間差が生じがちです。ましてや、研究者世界の「外」に向かって、それらの学問的収穫をどのようにアウトリーチしていくのかを考えるとき、研究者が日常的に感じる「皮膚感覚」をうまく伝えることの難しさはよりいっそう大きいかもしれません。

しかし、前章まで書いてきたように、系統的由来を論じ、系統樹を復元しようとする私たちの意図は、単に学問的な次元にとどまらず、私たち自身のもつ、もっと根源的な欲求に訴えかけるものがあるような気がします。そうでなければ、生物・無生物に関係なく、さまざまな「系統樹」が長い時代にわたって互いに独立に描かれてきたという事実が説明できないでしょう。

——さて、私たちがのぼろうとする系統推定論への参道の入り口には、高校生たちが待っています。彼ら（彼女ら）はたまたま私と出会ってしまったがために、予期せず系統樹を描くことになったのです。

系統樹を描く高校生

国立の試験研究機関（そのほとんどはいま独立行政法人になりましたが）は、まず第一に「研究すること」が業務として要請されています。この点で、「研究」とともに「教育」が大きな比重を占めている大学とは根本的に大きなちがいがあります。

教育機関ではなく、研究機関であるという法律的な位置づけは、中に在籍する研究員を取り巻く環境にもさまざまな点で影響をもたらします。私のように農水省系の独立行政法人研究所を本務地とする研究員にとって、このちがいは日常的な対人関係のあり方の差となって現れます。というのも、大学のように、毎年、学生や大学院生が出入りすることは制度的にあり得ないからです。

研究員といってもひとりひとり個性や適性は異なっていますから、いま自分のいる研究環境のもとでどのように仕事を進めていくかというスタイルもさまざまです。私の場合は、人前で話をするのが好きなので（昔は口べただったはずなのですが）、機会を見つけては大学の講義を引き受けたり、所属外の学会大会での講演をしてみたり、あるいはシンポジウムの司会のマイクを握ったりすることがこれまで多くありました。「外」に出て多くの人と接することで、自分の研究意欲を維持していこうという研究スタイルを、いつの間にか身につけていたのでしょう。大学であれ研究所であれ、研究者としての活動性を高く保ち続けることはつねに重要です。

東京大学理学部から依頼されて、「高校生インターナショナル・サイエンス・スクール」という夏休みの特設教育コースの講師を引き受けたのは、一九九九年の七月末のことでした。日本全国さらには海外からの高校生ばかり二十名余りを対象として、英語で自然科学の授業をするという趣旨のプログラムで、私が加わったのは生物科学系のコースでした。実際に応募してきたのは、日本全国から（北海道から沖縄まで）、そして各国から（英語圏はもとより東南アジアまで）集まった高校二年生で、高校での生物の授業自体がまだ修了していない生徒もおり、私が担当する二時間の英語の講義にどこまで「生き残れるか」、いささか不安がありました。しかし、帰国子女ではないごく普通の公立高校の日本人生徒が熱心に英語でノートを取っている姿を見ると、能力のある高校生はいるのだと頼もしいかぎりでした。

講義内容としては生物系統学の基本について話をすると決めていたので、「Cladistics: Towards the reconstruction of phylogeny—Historical approach to evolutionary biology」（「分岐学：系統発生の推定に向けて——進化生物学への歴史的アプローチ」）というタイトルで講義に臨みました。相手が高校生であるから講義のレベルを下げるというのはまちがいで、むしろこれからの世代だからこそ、少し背伸びした内容をうまく伝えるというのが講師の腕の見せどころ。そこで、レベル的には大学の理系学部生を想定し、内容としては、「生命の樹」（the Tree of Life）をキーワードにして、パラメータ推定としての系統学、系統樹の樹形と祖先復元、そして系統推定の進化生物学への応用について、トークとプレゼンテーションをしました。

素朴な系統樹イメージ

さて、その講義を終える前に、私は受講生たちにひとつの演習課題を与えました。

問題　あなたが知っているかぎりの生物名を挙げ、それらを結ぶ系統樹（生命の樹）を描きなさい。正しい系統樹であるかどうかは問いません。これは定期試験でも入学試験でもないので、解答用紙に記名する必要もありません。

系統学の専門的知識をもたない学生に、直感的イメージとしての「生命の樹」を描かせるこの問題は、ロバート・J・オハラという鳥類学者が大学の学部学生に対して出したものでした（O'Hara 1996, p.15, 図10）。オハラの出題動機は、「生命の歴史に関する社会一般の理解をあらかじめ知った上で、進化学のより効果的な教育方法を編み出す」という点にありました。私の場合、さらに若年齢の（したがって「事前知識がより少ない」と思われる）高校生を対象としたわけで、生命の樹に対するより一般人に近いレベルでのイメージがつかめるのではと期待していました。実際、次に要約するように、いくつかの興味深い結果が得られました。

1.「存在の連鎖」はいまなお強し！

下等生物から高等生物へ連綿とつながる「存在の連鎖」（chain of being）は、生物体系学の歴史を支配してきた強大な観念の一つです。この観念の片鱗は、今回調査した受講生の「素朴系統樹」のそこかしこに見られました。生命全体を一本の「鎖」として描いた生徒はさすがに一人もおらず、全員が多かれ少なかれ「分岐」的な素朴系統樹を描いてくれました。しかし、さまざまな「鎖」の断片がほとんどの素朴系統樹に認められたことは注目されます。とくに、植物における「存在の連鎖」（藻類→コケ類→……→被子植物）とか、動物における「存在の連鎖」（魚類→両生類→爬虫《はちゅう》類→……→ヒト）という絵柄パターンがくり返し見られました。

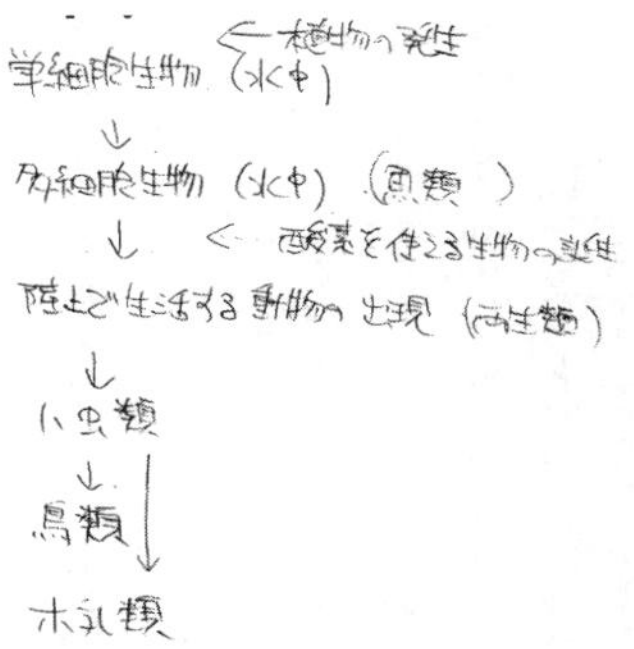

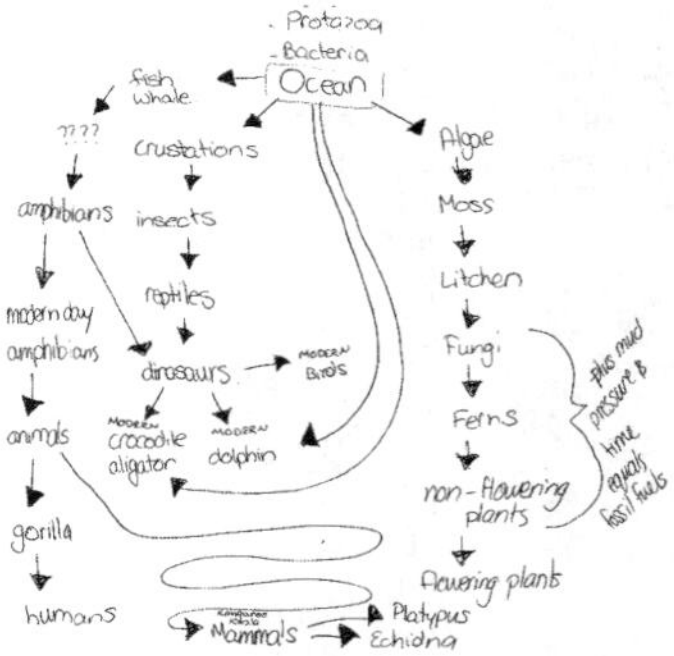

高校生が描いた系統樹（1）

2.「メンタル・マップ」の個体変異と類似性

「できるだけ多くの生きものを」と問いかけたわけですが、節足・軟体・腔腸《こうちょう》・海綿動物を除くすべての無脊椎動物「門」(phylum)は、全員の素朴系統樹から欠落していました(「気もちわるい小生物」と書いてくれた生徒も)。対照的に、霊長類をはじめ、個々の生徒が関心をもっているらしい生物群の系統関係については詳細に描かれていました。ヒトが抱く生命の樹の素朴イメージは、生命の歴史に関するメンタル・マップ(認知心理学的な意味での「認知地図」)と考えられます。ひとりひとりが思い描くメンタル・マップがどのように個体変異しているのか、そしてどのような類似性をもっているのかは、「生物多様性」ということばで漠然と理解されている観念の認知的基盤を与えていると考えられます。

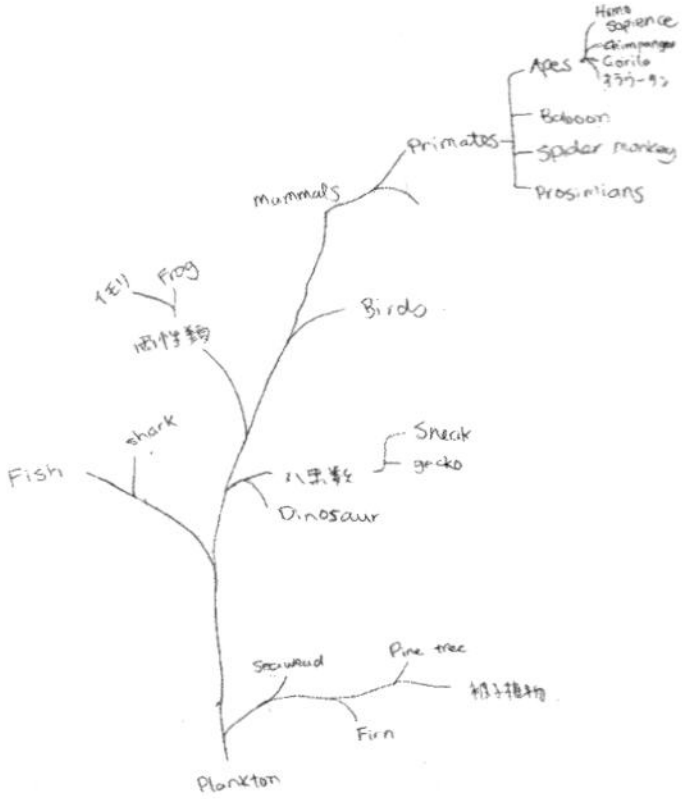

高校生が描いた系統樹(2)

3．「深い分岐」はなお漆黒の闇の中

生命の樹の根元については、きわめて多様な「分岐パターン」をもつ素朴系統樹が描かれていました。たとえば、生物界全体の共通祖先は「プランクトン」であるという記述が数例見られたのですが、「プランクトン」という生物のグルーピングには何かしら〝祖先〟を髣髴《ほうふつ》とさせるものがあるのかもしれません。「その共通祖先を発見するのがドクター・ミナカの仕事だ！」との的確なコメントもありました。

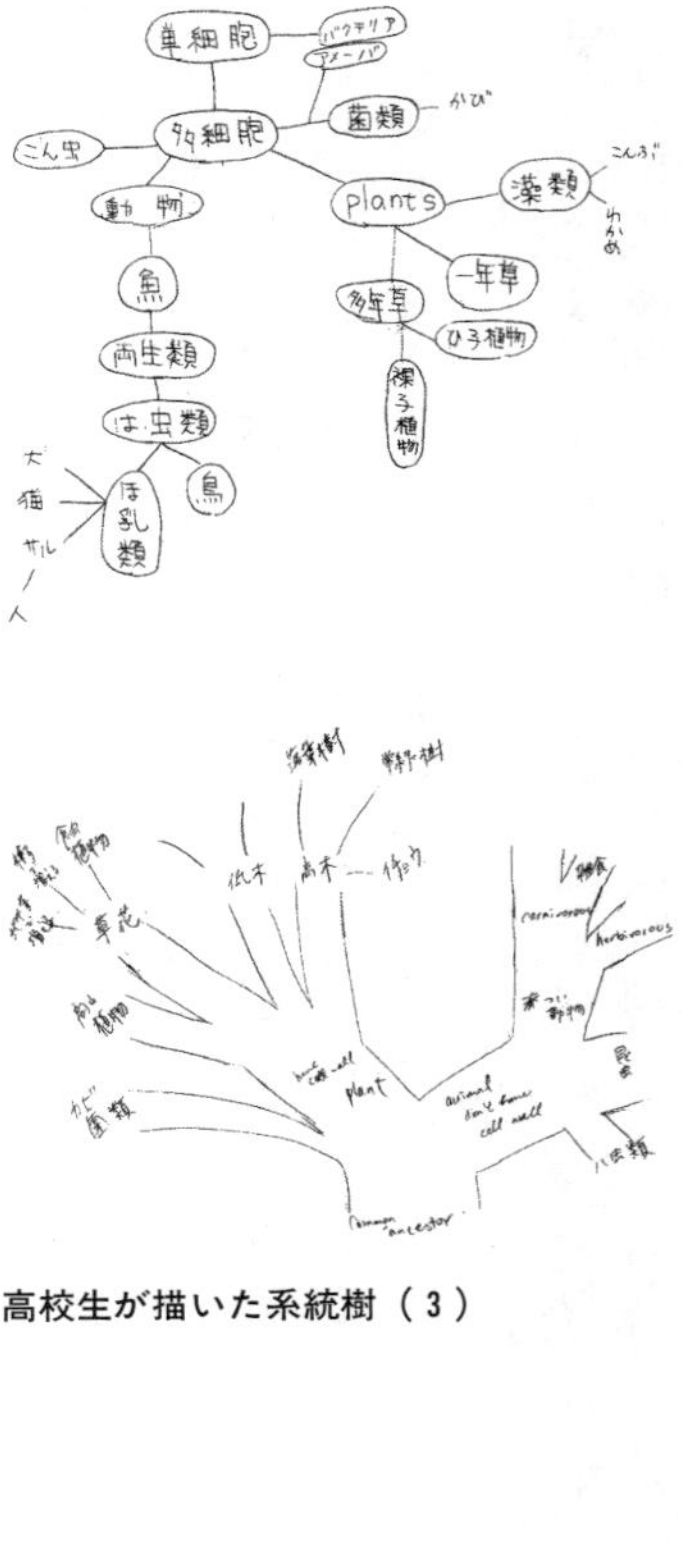

高校生が描いた系統樹（3）

このように、たとえ体系学や系統学の知識をもたない高校生であっても、彼らが知っている多様な生物を連結する系統樹のイメージには、いくつかの共通点と相違点が見えてきます。生物の体系化の方法としての系統樹（生命の樹）を考えるとき、一般の人びとが抱く素朴な系統樹イメージがどのようなものであるかをあらかじめ知っておくことは、生物の多様性を一般人がイメージするときの先入観（認知バイアス）の一端を明らかにしてくれます。とくに、科学としての体系学（分類学や系統学）の現代史を振り返るとき、背景となるさまざまな先入観やバイアスが、「望ましい体系学のあり方」をめぐる論争の背後にあったことは明らかでした。

次の節では、系統樹や分類体系をめぐるここ数十年の論争を鳥瞰《ちょうかん》し、系統樹という図像に対するイメージ、そして系統樹思考に対するさまざまな見解をまとめてみることにしましょう。

2　系統樹をとりまく科学の状況——科学者は「真空」では生きられない

科学とは科学者がしていることである

系統樹というものの見方が、文系／理系という学問のみかけの壁を越えて広く深く根を張っていることを、これまでさまざまな観点から眺めてきました。そして、単に学んで知るというだけではなく、私たちの「内」にはすでに〝系統樹〟の直感的イメージが芽生えていることも前の節で触れました。「分類思考」が対象物の認知カテゴリー化という点で人間が日々生きていく上で不可欠であるのと同様に、「系統樹思考」という推論のあり方は、最初予想した以上に、私たちが〝世界〟を把握するための有用なツールを提供しているのかもしれません。

分類や系統が、科学者だけの独占物でなく、日常生活者の誰にとっても身近なものであるというのは、おそらくまちがってはいないでしょう。しかし、以下では、その分類や系統を本職としてきた生物体系学者たちに目を向けましょう。

生きものの分類や系統は、いったいどのような点で彼らにとって時間やエネルギーを注ぐ価値のある仕事だったのか、科学としての分類学や系統学は、どのような科学的文脈（〝曼荼羅〟）をかたちづくってきたのか、そして何よりも「系統樹を推定する」という本書の中心テーマは、その〝曼荼羅〟の中でどのような位置を占めているのか――このような疑問が湧いてきます。

「科学者は科学が科学を生むための道具ではない」。これまでの科学技術について学ぶときには、えてして「科学」の成果そのものにもっぱら目が向きがちで、それらをつくった「科学者」がどのような背景と人脈と動機のもとにそれらの成果に到達したのかは二の次になってしまうことがよくあります。

たとえば、〈フックの法則〉とか〈ピタゴラスの定理〉の名前と内容はよく理解していても、それらを導いた〈ロバート・フック〉や〈ピタゴラス〉がいったいどのような科学者だったのかを知っている人は格段に少ないだろうと予想します。科学に対するほどには、科学史への関心がいまだに必ずしも高くないのは残念なことです。

しかし、深く考えこむまでもなく、科学は科学者が生んだ生産物であり、その逆ではありません。一生の「なりわい」として科学を選んだ科学者は、ある時代のある環境のもとで生きてきた生身の人間です。物理学でも、数学でも、あるいはこれからお話しする生物体系学でも、この点についてはなんのちがいもありません。

科学の成果すなわち出力（アウトプット）をばらばらのままに覚えたり学んだりするのではなく、それらが生まれたもとの文脈に置き直してもういちど体系化することは、今まで見えてこなかった科学［者］の間の相互連絡的な「筋」あるいは「層」を発見する上できっと役に立つでしょう。

生物体系学の三学派

学問としての生物分類の歴史はアリストテレス以来二千年に及ぶとよく言われます。ここでは過去半世紀にかぎって、生物体系学の歴史を振り返ってみましょう。他の学問と同じく、そこにはさまざまな学問上の思惑、人間関係のネットワーク、そして研究資源（人・金・場所）をめぐる駆け引きがあり、その結果として多くの〈学派〉が生物の体系化に関する主張を論文や著書あるいは講演という形で後世に残しました。

中でも、一九六〇年代から二十年以上もの長期にわたって戦わされた「体系学論争」は、複雑に入り組んだ迷宮のような外観を呈していて、その『戦記』を書くことは容易ではなく、これまで多くの生物学史研究者を悩ませてきました。実際に「戦い」に参戦した当事者（体系学者）たちによる報告はもちろんあるのですが、多かれ少なかれバイアスがかかるのはしかたがありません。その一方で、体系学史を専門とする生物学史研究者たちにとっては、体系学の現代史はあまりに「現代的」すぎて、歴史学の対象となるにはまだしばらく時間がかかるようです。

二〇〇五年初めに百歳の天寿を全うしたエルンスト・マイアーという生物学者がいました。彼は、現代進化生物学の中核をなす「総合学説」を一九四〇～五〇年代にかけて構築したアーキテクトの一人としてあまりにも有名な進化学者です。ここでいう進化の総合学説とは、チャールズ・ダーウィンの自然淘汰理論を中核として、遺伝学・古生物学・分類学などの諸学問を統合することによって成立した生物進化の理論体系です。総合学説が成立したことにより、個体の発生から生態系にまでいたる、さまざまなレベルでの現象や機構を、「生物進化」という統一的な視点で探るためのよりどころができました。

しかし、マイアーは、総合学説を立ち上げた進化学者としてだけではなく、同時に、生物分類学の理論家でもありました。分類学派としての仕分けでいえば、マイアーの分類理論は「進化分類学派」(evolutionary taxonomy) と呼ばれ、同時代のヴィリ・ヘニックの「分岐学派」(cladistics)、およびロバート・R・ソーカルの「表形学派」(phenetics) との大論争が一九六〇～七〇年代に勃発しました。

他の科学と同じく、体系学の世界にも学問的主張をめぐる多くの論争は当然あるわけで、上記三学派間の論争もそのひとつであることにはちがいはありません。しかし、科学の論争はどれをとっても、「舞台上」と「舞台裏」のふたつの側面があり、多くの場合、公になるのは舞台上での論争の経緯だけです。しかし、科学としての動態（ダイナミクス）を考えるとき、舞台を支えてきた舞台裏にも目を向ける必要があります。ここでは、〝舞台上〟での体系学論争（見せ場は一九七四〜七五年）だけでなく、その上演を可能にした〝舞台裏〟での興行主たちの働きとできごとの系譜もたどってみましょう。生物体系学の「オモテ」を理解するためには「ウラ」を知らねばならないからです。

「舞台上」で——スポットライトを浴びるマイアー、ヘニック、ソーカル

一九六〇年代から七〇年代にかけての「体系学論争」のストーリーそれ自体は、以下にまとめたように比較的シンプルです。

一九四〇〜五〇年代に構築された「進化の総合学説」のアーキテクトのひとりだったマイアーは、当時すでにマンパワーの上でも研究資金の上でも「斜陽」だった生物分類学をもういちど復興させるために、生物進化の研究にとって不可欠の第一段階が分類学であると主張しました。

これに対して、一九五〇年代末にソーカルらによって旗揚げされた表形学派すなわち「数量分類学派」は、分類対象（生物）の間の類似度を数値化し、似ているものどうしを

逐次的に群にまとめることで数量的な生物分類を目指しました。表形学派は、これまでの生物分類体系は、「系統」という実証不可能な概念を基礎としている点で操作的ではないと批判し、より数値的・定量的な類似度の分析を踏まえた、客観的な生物分類体系が必要だという代案を提唱したのです。

この攻勢に対してマイアーは、生物分類学において数量的方法を用いることそれ自体にはなんら問題はないが、表形学派の背後にある教義、中でも上述の類似度のみに基づく操作的分類はすべて受け入れがたいと反論しました。

英語圏での進化分類学と表形学との論争が始まったちょうどその頃、ドイツの昆虫学者ヘニックの生物体系学の英訳教科書『系統体系学（Phylogenetic Systematics）』が出版され、英語圏で彼の系統発生に基づく分類理論への関心が急速に高まってきました。このことは、すでに戦わされていた体系学論争にもう一つの火種を与えることになります。ヘニックに発する分岐学派は、表形学派とは逆に、生物の分類体系は厳密に系統関係のみに基づいて構築されるべきだと主張したからです。

各学派の対立点ははっきりしていました。類似度のみを用いよという表形学派、系統関係のみを用いよという分岐学派、そして系統関係と類似度の情報を併用すべきだという進化分類学派。これら三学派による分類方法論をめぐる論争の〝舞台上〟での大きな見せ場は、一九七四〜七五年にマイアーがヘニックに対して問いただした論文が契機でした。分岐学派に対するマイアーの批判は容赦ありませんでした。もちろん、ヘニックもまた彼自身の立場から応酬し、この論争は世界各国の体系学者の耳目をそばだたせることになりました。

わかりやすい例をひとつ挙げておきましょう。いま、ヒト、ニホンザル、キツネザルという「猿」のグループを考えます。「猿」のなかまの系統発生をみると、もっとも原始的な特徴をもちあわせているキツネザル（原猿類と呼ばれる）が系統樹の上で最初に分岐し、次いでニホンザル（真猿類と呼ばれる）が分岐し、最後にヒトをふくむ霊長類が分岐したと推定されています。したがって、分岐学派の立場では、これらの「猿」たちの分類は、[「ヒト、ニホンザル」、キツネザル」となるでしょう。すなわち分岐図の樹形をそのまま反映した分類体系です。

一方、表形学派であれば、ニホンザルとキツネザルがもつ相対的に原始的な特徴の多さから計算された全体的類似度に基づいて、[ヒト、[ニホンザル、キツネザル」」という異なる分類体系を提唱するでしょう。そして、進化分類学派は、系統関係と類似度とのバランスを考えて、いずれかの分類を採用するはずです。この例では表形学派と同じく[ヒト、[ニホンザル、キツネザル」」という結論を彼らは出すでしょう。採用される基準が異なれば、分類は当然ちがってくるわけです。

このように、〝舞台上〟での各学派のディベートでは、学派ごとの立場に沿って相手の問題点を指摘しあいました。しかし、それによって生物分類の方法に関して、なんらかの解決や和解にいたったとはとてもいえないというのもまた事実でした。その理由は、この生物体系学論争には、単に「分類学」という一枚のレイヤー（層）だけがあったのではなく、「進化学」や「系統学」あるいは「統計学」といった複数のレイヤーが重なっており、それらのレイヤーを結びつける人間関係の「筋」が複雑に絡み合っていたからです。舞台上の〝脚本〟の筋書きがとてもシンプルに描かれていたとしても、舞台裏がきれいにまとまっていたわけではありません。事実はその逆でした。

「舞台裏」で――重なるレイヤー、絡まるネットワーク

科学の世界にかぎらないことですが、歴史が動く「現場」に居合わせる機会をもたなかった（すなわち「経験」を共有できなかった）人間はたくさんいます。もちろん、それに関係や関心のない者にとっては、「現場」にいなかったことはたいした意味をもちません。しかし、いったんその歴史的経緯に興味をもったとき、〝舞台〟で上演された〝劇〟の内容が目に見えるすべてであり、それを通してしか考えたり語ったりすることができないの

がふつうでしょう。現実に〝舞台上〟での興行が可能になるには、前もって〝舞台裏〟でさまざまな下準備や伏線が張られていたにちがいありません。歴史の〝舞台上〟をより深く理解するためには、水面下での「文脈」すなわち〝舞台裏〟でのできごとの連なりがどうであったのかを知る必要があります。

歴史を論じる研究分野は、その対象がなんであれ、データ（資料・史料）が必要です。生物の系譜を解明するためには形態や遺伝子の形質情報が必要であるのとまったく同じく、生物学のたどった歴史を議論するためには証拠となる情報源がなければなりません。生物［学］の過去の歴史は、もはや変更することができないユニークなできごとの連鎖です。しかし、そのできごとに関する情報を増やし、解析の手法を改良することは可能です。

これまで、生物体系学の現代史は、もっぱら公刊された論文や著書を踏まえて論議されることがほとんどでした。しかし、最近になって、やっと、関係者からのインタビュー、未公刊の私信やメモ、そして学会などが保管している当時の内部資料の分析などを通じて、しだいに現代体系学史の〝舞台上〟だけでなく、その〝舞台裏〟までも知ることができるようになってきました。

次ページに示した図は、そのような最近の科学史研究の成果を踏まえてまとめた現代体系学史の見取り図（〝曼荼羅〟）です。進化の総合学説が構築されはじめた一九三〇年を起

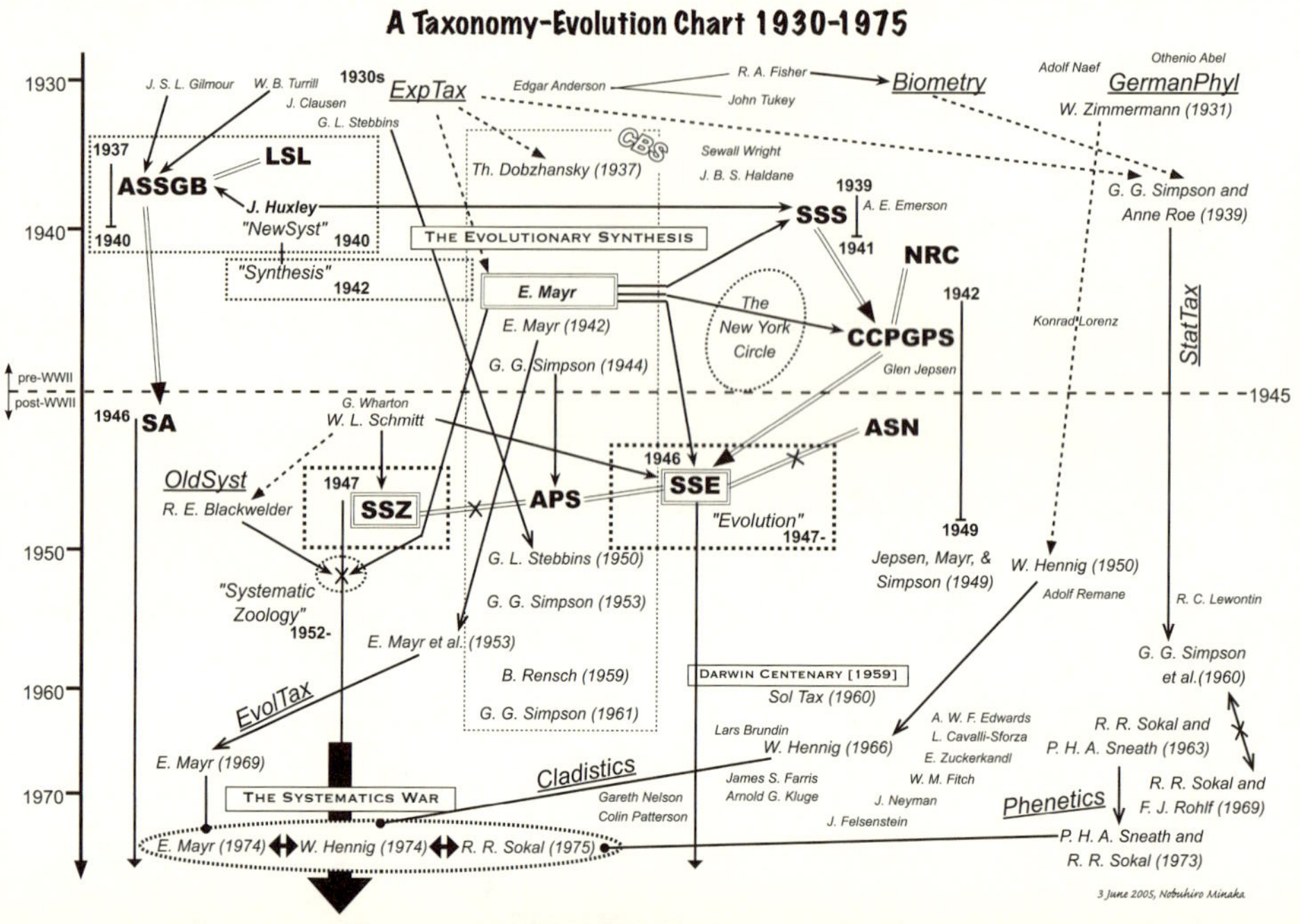

A Taxonomy-Evolution Chart 1930-1975
1930
1940
1950
1960
1970
pre-WWII
post-WWII
1945
J. S. L. Gilmour
W. B. Turrill
J. Clausen
G. L. Stebbins
1930s
ExpTax
Edgar Anderson
R. A. Fisher
John Tukey
Biometry
Adolf Naef
Othenio Abel
GermanPhyl
W. Zimmermann (1931)
1937
ASSGB
LSL
1940
J. Huxley
"NewSyst"
1940
"Synthesis"
1942
CBS
Th. Dobzhansky (1937)
Sewall Wright
J. B. S. Haldane
1939
SSS
A. E. Emerson
1941
NRC
THE EVOLUTIONARY SYNTHESIS
E. Mayr
E. Mayr (1942)
G. G. Simpson (1944)
The New York Circle
CCPGPS
Glen Jepsen
1942
G. G. Simpson and Anne Roe (1939)
Konrad Lorenz
StatTax
1946
SA
G. Wharton
W. L. Schmitt
ASN
1946
SSE
"Evolution"
1947-
OldSyst
R. E. Blackwelder
1947
SSZ
APS
1949
Jepsen, Mayr, & Simpson (1949)
W. Hennig (1950)
Adolf Remane
R. C. Lewontin
"Systematic Zoology"
1952-
G. L. Stebbins (1950)
G. G. Simpson (1953)
E. Mayr et al. (1953)
B. Rensch (1959)
G. G. Simpson (1961)
DARWIN CENTENARY [1959]
Sol Tax (1960)
G. G. Simpson et al.(1960)
EvolTax
Lars Brundin
W. Hennig (1966)
A. W. F. Edwards
L. Cavalli-Sforza
E. Zuckerkandl
W. M. Fitch
J. Neyman
J. Felsenstein
R. R. Sokal and P. H. A. Sneath (1963)
R. R. Sokal and F. J. Rohlf (1969)
E. Mayr (1969)
THE SYSTEMATICS WAR
Cladistics
Gareth Nelson
Colin Patterson
James S. Farris
Arnold G. Kluge
Phenetics
E. Mayr (1974)
W. Hennig (1974)
R. R. Sokal (1975)
P. H. A. Sneath and R. R. Sokal (1973)
3 June 2005, Nobuhiro Minaka

1930～1975年の分類学・進化学の鳥瞰図

生物学史の諸論文をもとにして，体系学の論争史の歴史的文脈を理解するために，この期間に出版された重要文献（単行書が大部分）・関連学協会の設立・諸学派の相互関係・個人間の影響を図示した．図中の略記号は下記の通りである（アルファベット順）——

APS = The American Philosophical Society. **SSE** の *"Evolution"* 誌の出版費用を出資した．Cf. Cain (1993).

ASN = The American Society of Naturalists, 1946 年にその機関誌 *"American Naturalist"* を **SSE** に売却する案があった（不成立に終わったが）．Cf. Cain (1993).

ASSGB = The Association for the Study of Systematics in Relation to General Biology. 1937 年から 1940 年まで活動した．1946 年に The Systematics Association (**SA**) に引き継がれる．Cf. Cain (1993); Winsor (1995, 2000).

Biometry =生物測定学／生物統計学．Cf. Hagen (2003).

B. Rensch (1959) = B. Rensch (1959), *Evolution above the Species Level.* Columbia University Press (CBS 19).

CBS = The Columbia Biological Series. コロンビア大学出版局による生物学叢書（1894～1974）．進化の現代的総合（THE EVOLUTIONARY SYNTHESIS）に関係する主要著作のほとんどすべてはこの叢書に含まれている．Cf. Cain (2001).

CCPGPS = The Committee on Common Problems of Genetics, Paleontology, and Systematics. 先行する The Society for the Study of Speciation（**SSS**）の後を引き継ぎ，1942 年から 1949 年まで活動した．1946 年に創設された The Society for the Study of Evolution（**SSE**）の母体となる．Cf. Cain (1993, 2002); Smocovitis (1996).

Cladistics =分岐学派. Cf. Dupuis (1978); Hull (1988); Craw (1992); 三中 (1997).

DARWIN CENTENARY [1959] = 1959 年にシカゴで開催された，ダーウィン『種の起源』出版百周年記念シンポジウム．会議録は Sol Tax (1960) の 3 巻本として出版された．Cf. Smocovitis (1996).

E. Mayr (1942) = E. Mayr (1942), *Systematics and the Origin of Species.* Columbia University Press (CBS 13).

E. Mayr et al. (1953) = E. Mayr, E. G. Linsley, and R. L. Usinger (1953), *Methods and Principles of Systematic Zoology.* McGraw-Hill.

E. Mayr (1969) = E. Mayr (1969), *Principles of Systematic Zoology.* McGraw-Hill.

E. Mayr (1974) = E. Mayr (1974), Cladistic analysis or cladistic classification? *Zeitschrift für zoologische Systematik und Evolutionsforschung,* 12: 94-128.

EvolTax = Evolutionary Taxonomy. 進化分類学派．Cf. Vernon (1993).

"Evolution" = The Society for the Study of Evolution (**SSE**) の機関誌．1947 年に創刊され，現在にいたる．Cf. Cain (1994); Smocovitis (1996).

ExpTax = Experimental Taxonomy. 実験分類学派．Biosystematics とも呼ばれる．1930～1950 年代のアメリカで広まった学派．Cf. Hagen (1984)

GermanPhyl =ドイツ系統学派．Cf. Dupuis (1978); Craw (1992); 三中 (1997); Willmann (2003).

G. G. Simpson (1944) = G. G. Simpson (1944), *Tempo and Mode in Evolution.* Columbia University Press (CBS 15).

G. G. Simpson (1953) = G. G. Simpson (1953), *Major Features of Evolution.* Columbia University Press (CBS 17).

G. G. Simpson (1961) = G. G. Simpson (1961), *Principles of Animal Taxonomy.* Columbia University Press (CBS 20).

G. G. Simpson and Anne Roe (1939) = G. G. Simpson and Anne Roe (1939), *Quantitative Zoology: Numerical Concepts and Methods in the Study of Recent and Fossil Animals.* McGraw-Hill.

G. G. Simpson et al. (1960) = G. G. Simpson, Anne Roe, and R. C. Lewontin (1960), *Quantitative Zoology, Revised Edition.* Harcourt.

G. L. Stebbins (1950) = G. L. Stebbins (1950), *Variation and Evolution in Plants.* Columbia University Press (CBS 16).

Jepsen, Mayr & Simpson (1949) = G. Jepsen, E. Mayr, and G. G. Simpson (eds.)(1949), *Genetics, Paleontology, and Evolution.* Princeton University Press.

LSL = The Linnean Society of London. **AASGB** と組織的につながっていた．Cf. Cain (1993).

"NewSyst" = J. Huxley (ed.)(1940), *The New Systematics.* Oxford University Press. 後に The Systematics Association (**SA**) の叢書 The Systematics Association Special Volume の第 1 巻となった．

NRC = National Research Council. Cf. Cain (1993).

OldSyst = R. E. Blackwelder の言う伝統的分類学. Cf. Cain (2004).

P. H. A. Sneath and R. R. Sokal (1973) = P. H. A. Sneath and R. R. Sokal (1973), *Numerical Taxonomy: The Principles and Practice of Numerical Classification.* W. H. Freeman.

Phenetics =表形分類学派．Cf. Vernon (1988, 2001); Hagen (2001, 2003).

R. R. Sokal (1975) = R. R. Sokal (1975), Mayr on cladism and his critics. *Systematic Zoology,* 24: 257-262.

R. R. Sokal and F. J. Rohlf (1969) = *Biometry: The Principles and Practice of Statistics in Biological Research.* W. H. Freeman.

R. R. Sokal and P. H. A. Sneath (1963) = R. R. Sokal and P. H. A. Sneath (1963), *Principles of Numerical Taxonomy.* W. H. Freeman.

SA = The Systematics Association. 先行した The Association for the Study of Systematics in Relation to General Biology（**ASSGB**）の後継として，1946 年に創設された．Cf. Winsor (1995).

Sol Tax (1960) = Sol Tax (ed.)(1960), *Evolution after Darwin, Three Volumes.* The University of Chicago Press.

SSE = The Society for the Study of Evolution. 1946 年創設．Cf. Cain (1993, 1994); Smocovitis (1996).

SSS = The Society for the Study of Speciation. 1939 年から 1941 年まで活動し，その後，The Committee on Common Problems of Genetics, Paleontology, and Systematics（**CCPGPS**）に引き継がれた．Cf. Cain (1993, 2000).

SSZ = The Society of Systematic Zoology. 1947 年創立．1992 年に，学会名が The Society for Systematic Biologists と変更された．Cf. Cain (2004).

StatTax = G. G. Simpson 流の統計分類学．Cf. Hagen (2003).

"Synthesis" = J. Huxley (1942), *Evolution: The Modern Synthesis.* George Allen & Unwin.

"Systematic Zoology" = The Society of Systematic Zoology（**SSZ**）の機関誌．1952 年創刊．1992 年，誌名が "*Systematic Biology*" 誌と変更された．Cf. Cain (2004).

Th. Dobzhansky (1937) = Th. Dobzhansky (1937), *Genetics and the Origin of Species.* Columbia University Press (CBS 11).

THE EVOLUTIONARY SYNTHESIS =進化の総合学説が構築された 1930～1940 年代の歴史的事象．Cf. Smocovitis (1996).

THE SYSTEMATICS WAR = 1960～1980 年代にかけて分類学の方法論をめぐって戦わされた論争．Cf. 三中 (1997).

W. Hennig (1950) = Hennig, W. (1950), *Grundzüge einer Theorie der phylogenetischen Systematik.* Deutscher Zentralverlag.

W. Hennig (1966) = Hennig, W. (1966), *Phylogenetic Systematics.* University of Illinois Press. W. Hennig (1950) の翻訳ではない．ドイツ語原稿は Hennig (1982) として後に出版された．

W. Hennig (1974) = Hennig, W. (1974), Kritische Bemerkungen zur Frage "Cladistic analysis or cladistic classification?" *Zeitschrift für zoologische Systematik und Evolutionsforschung,* 12: 279-294.

W. Zimmermann (1931) = W. Zimmermann (1931), Arbeitsweise der botanischen Phylogenetik und anderer Gruppierungswissenschaft en. Pp. 941-1053 in: E. Abderhalden (ed.), *Handbuch der biologischen Arbeitsmethoden, Abtheilung IX, Teil 3.* Urban& Schwarzenberg.

日本動物分類学会の許可を得て三中（2005）から転載（タクサ、no.19、pp.98-99）

点とし、マイアー、ヘニック、そしてソーカルの三者三学派による体系学論争が戦わされた一九七五年を終点とする約半世紀の期間をターゲットとして、（1）研究者間の人間関係、（2）理論・学説が影響を与えた方向、（3）当該時期に設立された学会・団体の系譜、の三点に着目して描いたものです。以下では、この〝曼荼羅〟を参照しながら、すでに述べた体系学論争の〝舞台裏〟で起こっていたことに光を当てましょう。

マイアーのもくろみ

現代の生物分類学者に対していまなお大きな影響力を及ぼしているマイアーは、生物分類学が進むべき「序列」を次のように提唱しました。

「進化研究は、分類の十分な知見があってはじめて可能になる。そして、この分類は、種の記載と同定を踏まえている。したがって、ある群の分類はいくつかの段階に分けられる。この諸段階は、アルファ、ベータ、およびガンマ分類学と一般に呼ばれてきた。アルファ分類学（alpha taxonomy）とは、種の記載と命名である。ベータ分類学（beta taxonomy）とは、記載・命名された種を階層的カテゴリーから成る自然体系に整理することである。そして、ガンマ分類学（gamma taxonomy）とは、種内変異の解析と進化研究を指す。現実には、アルファ、ベータ、およびガンマ分類学の境界をはっきりと分けることは不可能であり、各領域は重なりあったり、ゆるやかに移行したりする。しかし、その研究方向の存在は明白である。アルファ段階から着手し、ベータ段階を経て、ガンマ段階に向かうことが、いまの生物学に通じた分類学者の進むべき道である」(Mayr et al. 1953, pp.18-19)

「アルファ分類学」すなわち新しい種(species)を記述して種名を付けるという段階が、それに続くすべての進化研究の出発点であるとみなすマイアーの真意は、この引用文だけからははっきりとはうかがい知れません。しかし、ナチュラリスト進化学者だったマイアーの大きな目標は、二十世紀に入ってから大発展を遂げた実験系生物学(遺伝学や発生学)の陰でかつての地位を喪いつつあった生物分類学を、何とかして学問の最前線に復帰させることにありました。

彼が中心的役割を果たした進化学の「現代的総合」(一九四〇年代を含む前後二十年ほど)の中で、マイアーは進化分類学を総合学説とタイアップさせることにより、分類学を進化研究を進めるために不可欠な第一段階として位置づけようとしました。このような伏線を踏まえてもう一度先の文章を読んだとき、はじめてそれがアピール文としての雄弁さをもつことに気づかされます。マイアーは生物分類学の再興を心から願っていたのです。

しかし、マイアーのいう「アルファ分類学」は、けっして彼が新しく造ったことばではありません。二十世紀の前半、遺伝学や発生学などの実験系生物学の影響を受けて、分類学を実験中心の近代科学として脱皮させようとした「実験分類学派」と呼ばれる一派がありました。その指導者の一人だったW・B・トゥリルは、一九二五年に、形態学的な記載分類を「アルファ分類学」とすでに名付けていました。

ただし、トゥリルが「アルファ分類学」に続くものと考えたのは、マイアーが構想したような「ベータ分類学」でも「ガンマ分類学」でもなく、究極の「オメガ分類学」でした。〝オメガ〟とは、到達不可能な理想的分類学というニュアンスのあることばです。これに対して、マイアーは、「アルファ分類学」を出発して段階的に進めば到達可能な中間段階として、「ベータ分類学」および「ガンマ分類学」という分類学の序列化を提唱したわけです。

実はすれちがっていただけ?

大きな戦争は国家・経済・民衆だけでなく、学問や文化にも大きな爪痕を残す歴史的事件です。体系学と進化学の現代史にとっての第二次世界大戦も例外ではなく、その後の学史にさまざまな影響を及ぼしました。というのも、大戦前にその活動を開始した多くの学会（あるいはそれに類する研究者コミュニティ）は、戦火の拡大とともに活動を休止したり、あるいは解散したりしているからです。

マイアーが進化学の「現代的総合」の確立の後、研究者の団体としての進化学会（The Society for the Study of Evolution）の開設に奔走していた時期は、第二次大戦末期から終戦直後のもっとも混乱していた時期にあたります。一方ちょうどこの頃、アメリカの動物分類学界では、ワルド・ラサル・シュミット（Waldo LaSalle Schmitt）を中心として動物体系学会（The Society for Systematic Zoology）を創設しようとする動きが並行していました。ここに見られる学問的なねじれが戦後の分類学の流れを陰に陽に変えていきました。

その理由は、マイアーらの唱導する進化分類学が、同時代の分類学者たちにすんなり受容されたわけではないということにあります。それどころか、反対派のほうがはるかに強力だったという現実に目を向ける必要があります。学問体系としての進化分類学はけっして「伝統的」ではなく、むしろ新参の分類理論であって、当時の伝統的分類学者たちを必ずしも攻略できてはいなかったのです。

動物体系学会が一九五二年に創刊した雑誌『システマティック・ズーロジー（Systematic Zoology）』は、もともとは伝統的分類学の教習とトレーニングを目的としていました。当時は系統分類などというものは批判の対象でありこそすれ、けっして多数派ではなかったのです。進化分類学は、表形学派や分岐学派と戦う以前に、何よりもまず、リンネ以来連綿と続いてきた類型的思考に基づく伝統的分類学と戦う必要がありました。

進化分類学が生物の系統関係の情報を分類体系の構築にもち込もうとする動きに反発する伝統的分類学の一部は、一九五〇年代末に旗揚げされた「数量分類学派」すなわち「表形学派」への支持を強めました。統計学的・定量的な学問的伝統の現れである表形学派は、当時の進化学や体系学とは異なるレイヤーに属していると考えたほうが理解しやすいかもしれません。上述したように、表形学派は「系統」ではなく「類似」のみに基づいて分類すべきだと主張したからです。この点で、表形学派の教義はタイプ標本に基づく比較形態を重んじた伝統的分類学の主張とむしろ整合性があったというべきでしょう。一九六〇〜七〇年代の進化分類学vs.表形学の論争は、それ以前の進化分類学vs.伝統的分類学の論争の第二ラウンドとみなすことができます。

分岐学はさらに別のレイヤーに属していました。ヨーロッパ大陸での系統学の伝統は、十九世紀以降に流行した観念論的形態学にはさまれて浮き沈みはあったものの、エルンスト・ヘッケル以来連綿と続き、ワルター・ツィンマーマン（W.Zimmermann）やヘニックの系統学的体系学は、英語圏での進化的総合とは独立に自らの世界をつくっていました。

ヘニックの英訳本（1966）が出版されてから、彼の体系学理論が英語圏で経験した大きな〝変貌〟についてはすでによく研究されています（三中 1997; 三中・鈴木 2002）。

しかし、分岐学の理論的・哲学的な〝変貌〟の波が到達する前の段階での三者の接点、すなわち一九七〇年代はじめの体系学論争（Hennig 1974［1975］; Mayr 1974; Sokal 1975）において、当事者たちは互いに対決しているようで実はすれ違っていたように見えます。〝舞台上〟で演じた主役たちが、実はそれぞれ異なるレイヤーの中でそれぞれのモノローグを発していただけだといううがった見方は、あながち的外れではないと私は考えています。

さらに言えば、その後の分類学の各〝学派〟がたどった行く末を見渡したとき、それぞれの学派が属していたレイヤーがたまたま重なった〝舞台上〟の演技にのみ目を奪われるのではなく、それらのレイヤーが歴史的に形成された〝舞台裏〟の事情を知ることで、はじめて現代体系学の「いま」を知ることができるのではないでしょうか。

三大臣ピン／ポン／パン：「生きているってこんなにすばらしいことじゃないか！」

（ジャコモ・プッチーニ、歌劇〈トゥーランドット〉第1幕）

第3章　「推論」としての系統樹

——推定・比較・検証

歴史を専門とする者なら、立場の相違を問わずに次のように考えるでしょう。たとえ、試行錯誤や単純な「過ち」を犯すとしても、また結果として幻想に終わるかもしれない「推測」や「考証」であったとしても、それは挑戦の結果なのだ、と。

（山内昌之『歴史の作法：人間・社会・国家』、二〇〇三年、p.12）

1　ベストの系統樹を推定する――樹形・祖先・類似性

ベストの系統樹をどう見つけるか

本書を書こうと思い立った動機のひとつは、「系統樹」という図像（イコン）が私たちの思考の中にどのように入り込み、根づいているのかをまとめることにありました。これまでの章では、系統樹とそれに基づく系統樹思考が、生物進化を描くツールとしてだけではなく、もっと広い自然科学と人文・社会科学を含む分野にも、さらには私たちの日常的な生活世界やものの考え方にまで、深くその根をおろしているという現実の破片を幅広く拾い集めてきました。

この世の中にはさまざまな「もの」や「こと」が満ちあふれています。それらは、あるときには「生きもの」だったり、「ことば」だったり、「古写本」だったりします。生物学者や言語学者そして文献学者は、それぞれの専門分野の中で、これらの研究対象がたどってきた系譜を「系統樹」という図像により表現し、その図形言語をコミュニケーションの手段として、研究対象に関するさまざまな論議を交わし、仮説や理論をテストしたり鍛え上げたりしてきました。

系統樹を描くということは、多様な対象物に関する鳥瞰図を与えると同時に、ばらばらに眺めただけでは見通せなかったにちがいない相互比較のための足場を組み立て、そのような多様性が生じた因果に関する推論を可能にし、さらには対象物に関するさまざまな知見を体系化し整理するという役割をも担っています。系統樹と系統樹思考が、広い意味での体系学（systematics）の根幹であるとみなされている理由はそこにあります。

しかし、系統樹は単に科学者の世界の独占物ではありません。日常生活者としての私たちにとっても、推論的な「系譜」による由来関係の理解は、認知的な「分類」によるカテゴリー化を通した知識の整理と並んで、たいへん役に立つものだといえます。

たとえば、人間社会における〝家系図〟や家畜や作物の〝血統図〟は、私たちの社会と文化の長い歴史の中で、生存に直結するという意味で重要な「系統樹」です。これらの系統樹に示された由来関係のあり方は、日常生活の中で意味をもっていたにちがいありません。そして、蕎麦屋の系譜や落語家の系図に関心をもつ私たちは、あるいはペットや競走馬の血統に興味のあるあなたたちは、すでにりっぱな草の根系統学者と呼べるでしょう。

科学と日常の双方に根を下ろす「系統樹」は、現実世界を読み解くツールとして有用であることが求められています。もちろん、当てずっぽうな系統樹であったとしても、そういう系統樹をまったく使わない場合にくらべれば、はるかにましであるかもしれません。しかし、できることならば、何らかの基準で「確か」な、そして「信頼できる」といえる系統樹が得られればそれに越したことはありません。

つまり、〝ベスト〟の系統樹をどのようにして見つけることができるのかということが、以下で論じる問題です。そのためには、対象物に関するさまざまなデータを踏まえて、最良の系統樹を推論するための方法を明らかにする必要があります。

系統推定の手順

話を生きものに絞りましょう。現在の生物学は、地球上にこれまで存在してきた多くの生物に関する大量の情報を蓄積してきました。生物の系統樹を構築するためには、これらのデータをもっともうまく説明できる系統樹を発見する必要があります。しかし、ここにはすでに論争を引き起こす火種が二つも含まれています。

まずはじめに、得られたデータを系統樹が「もっともうまく説明できる」とはどういうことかという点です。いいかえれば、そのデータのもとで「ベストの系統樹」とみなす最適化基準をどのように設定すればいいのかという問題がここで浮上してきます。これはけっして簡単に解決できる問題ではありません。それどころか、インテルメッツォの後半で論じたように、生物体系学の現代史では、分類構築や系統推定のよって立つ「基準」をめぐる学派間の論争はつねに激しい展開をたどり、現在もまだ論争が続いています。以下の節では、系統樹を推定するときの最適化基準とは何かを、簡単な例を用いて示しましょう。

次に問題になるのは、データに基づいてベストの系統樹を「選ぶ」とはどういうことかという点です。前の章で述べたように、私たちがある系統樹を選ぶのは、その系統樹が絶対的な真実であるからではありません。歴史科学としての系統推定という作業には、「真実」という概念はふさわしくありません。真実がわかってしまえば、系統推定そのものが不要になってしまうでしょう。むしろ、ある最適化基準のもとで系統樹T_1が選ばれたのは、他の対立系統樹T_2と比べたときに、現時点でのデータをよりうまく説明できたからにすぎません。将来データがさらに増えたとき、現時点で選ばれたT_1ではなく、今は順位が低いT_2のほうが敗者復活することもあるでしょう。

たとえば、ある学校の生徒の平均身長を推定するとき、統計学者はその学校から何人かの生徒をサンプル（標本）として抽出し、それらのサンプルの身長の平均値（「標本平均」）を計算することで、その学校全体の生徒の平均身長（「母平均」）を推定します。このとき、標本平均は抽出されたサンプルから計算された値であることに注意してください。

これとまったく同じことが、系統推定にも当てはまります。系統樹は、いわば抽出された対象生物の形質データから計算された〝標本平均〟みたいなものです。真の〝母平均〟すなわち真の系統樹の樹形や仮想祖先形質などの未知パラメータを推定するために、サンプル（対象生物と形質）から計算された「推定値」です。したがって、サンプルが変われば「推定値」も変わり、それによってベストと判定される系統樹もまた変わる可能性があります。

つまり、ベストの系統樹を選ぶということは、あらかじめ設定した最適化基準のもとで、今あるデータに照らして、候補となる複数の系統樹の間の相対ランキングをつけ、最上位のランクの系統樹を選ぶという作業です。

以下では、系統樹に関係するいくつかの用語を定義し、そのあとで、系統推定における最適化基準のひとつである最節約性（parsimony）の基準を例にして、ここで述べた系統推定の手順について説明しましょう。それは、以下でのさらなる論議のためのウォーミングアップでもあります。

2　グラフとしての系統樹――点・辺・根

無根系統樹と有根系統樹

まずはじめに、系統樹に関するいくつかの用語を定義しておきましょう。ここでいう「系統樹」とは、すべての「点」を結ぶ、ループを持たないグラフです。そして、系統樹の中で隣り合う2点を結ぶ線分を「枝」と呼びます。

系統樹の点にはふたつのタイプがあります。そのひとつは「端点」と呼ばれ、ただ一本の枝だけがつながっている点です。端点はすべて系統樹の末端にあります。もうひとつは「内点」と呼ばれ、二本以上の枝がつながっている点です。内点は系統樹の内部にあります。

図3―1を見てください。この図は、A～Dの4端点（●で示す）とX、Yの2内点（○で示す）からなる系統樹を図示したものです。点と点とを結ぶ線分（AX、BX、CY、DY、および

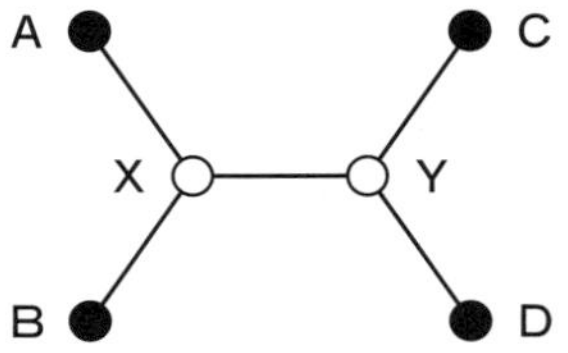

図3－1：無根系統樹

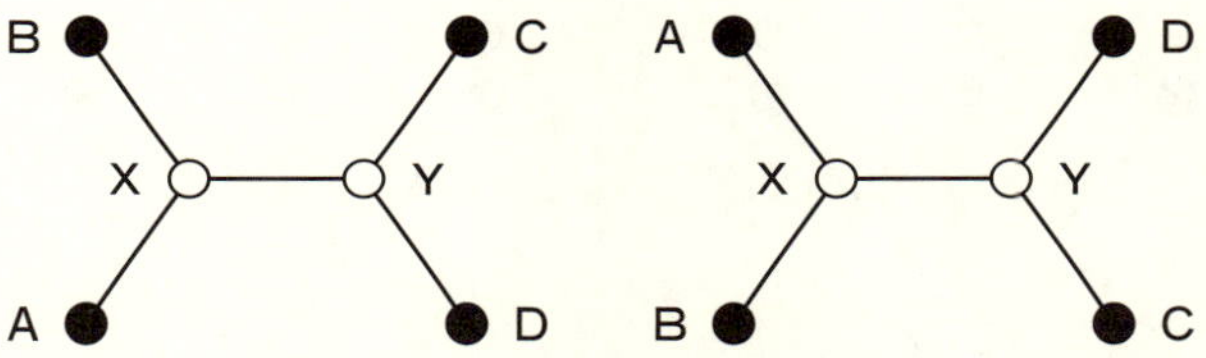

図3−2：図3−1と等しい無根系統樹

XY）はこの系統樹の枝です。

しかし、ここで定義した系統樹には、私たちが前章までで見てきた「樹」のイメージとはちがう点がひとつあります。それはこの系統樹には〝共通祖先〟を意味する「根」がないということです。根がない以上、いずれかの点が〝祖先〟であって、そこから〝子孫〟が派生してくるというような進化的な方向性を読み取ることはできません。このタイプの系統樹は「無根系統樹」と呼ばれ、無方向的に広がる樹形グラフにほかなりません。無根系統樹の枝は点と点とのつながりを示すだけです。なお、枝の長さや角度はここでは何の意味も持たないと決めておきます。また、枝のつながりを変えないように点の配置を変えても同一の系統樹を表すものと解釈しましょう。たとえば、図3—2のふたつの無根系統樹は図3—1と同一の系統樹です。

では、私たちがイメージするような、「根」をもつ系統樹（「有根系統樹」と呼ばれます）はどのように定義すればいいのでしょうか。それには、系統樹のいずれかの点を「根」として新たに指

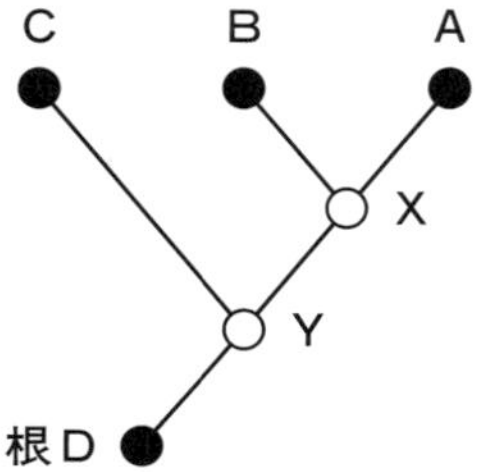

図3-3：Dを根とする有根系統樹

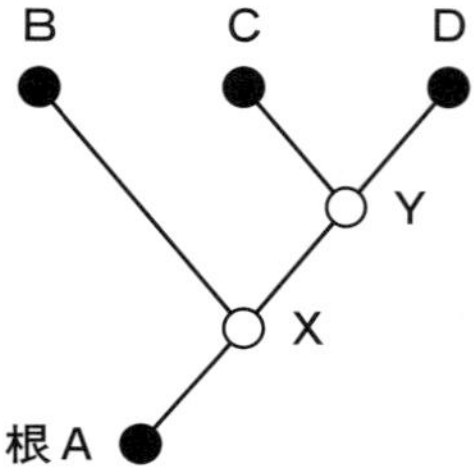

図3-4：Aを根とする有根系統樹

定する必要があります。たとえば、先に挙げた系統樹の点Dが他の点A～Cの共通祖先であるとしましょう。このとき、Dを下に配置して全体を描き直すと、図3―3のような新しいグラフが描けます。

根を指定するということは、生物（あるいは他の対象）が変化する過程としての「進化」や「系統」の文脈でいえば、祖先から子孫にいたる枝の「方向づけ」をしたことになります。図3―3の有根系統樹では、根Dを全体の共通祖先として、D→Y、Y→X、Y→C、X→B、X→Aという枝の方向づけが行われています。そして、内点XはAとBの共通祖先であり、内点YはA、B、Cの共通祖先であると新たに解釈されます。

たとえ同一の無根系統樹であっても、根が異なれば有根系統樹はそれに対応して異なることに注意しましょう。図3―1の無根系統樹で、DではなくAが根だったとすると、図3―4の有根系統樹が描けます。

Aを根とするとき、多くの枝の方向づけは逆転し、A→X、X→Y、X→B、Y→C、Y→Dとなります。そして、内点YはCとDの共通祖先であり、内点XはB、C、Dの共通祖先であるという再解釈が必要になります。

このように、ある無根系統樹に「根」の情報を付け加えることで、複数の有根系統樹を導くことができます。したがって、無根系統樹は有根系統樹の「集合」とみなすことが可能です。逆にいえば、無根系統樹は「祖先」の概念を抜かれた系統樹ということもできます。

祖先子孫関係は原理的に不可知である

祖先抜きの系統樹というのは奇妙に感じられるかもしれません。しかし、現実問題として、ある生物が他の生物の祖先であると断言することはかぎりなく不可能なことです。

もちろん、恐竜やアンモナイトのように化石として出土する生物はたくさんあります。しかし、化石生物は「過去にそういう生き物が現実に存在した」という証拠ではあっても、「ある特定の生物の祖先である」という証拠にはなりません。

「~の祖先である」という主張を確かめることは、現在私たちが入手できるデータのもとではほとんど不可能であると言わざるを得ません。ある祖先生物から子孫生物が生じたという進化的な由来関係を「祖先子孫関係」と呼びましょう。基本的認識として、祖先子孫関係は原理的に不可知であることをここで明記しておきます。

では、系統樹は祖先子孫関係ではない「何」を表現しようとしているのでしょうか。それは「点」と「枝」の意味が私たちの直感とはずれて定義されているということです。端点（●）とはデータが得られた生物を指します。つまり、いま存在している生物だけでなく、過去に絶滅して化石しか残っていない生物であっても、それらに関する情報（形態や遺伝子などの）が得られるかぎり、すべて端点に配置されるということです。

一方、内点（○）は現実に観察され情報が入手できた生物ではなく、ある系統樹をつくるために仮想的に構築された共通祖先を表しています。つまり、祖先は現実のものではなく、あくまでも仮定されたものです。内点に現実の生物を配置することはできません。

しかし、仮定であれなんであれ、共通「祖先」というからにはどこかで時間軸を導入する必要があります。ただし、それは不可知の祖先子孫関係を前提とするわけにはいきません。ここで、系統推定のための仮定としての「外群（outgroup）」という概念が登場します。

生物の系統樹を推定する場合には、対象となる生物群の中に少なくともひとつは「遠縁であると仮定された生物」を含めておきます。この生物を外群と呼びます。たとえば、ヒトを含む霊長類の系統関係を推定するときには、霊長類に含まれないサルが外群に指定されるでしょう。あるいは、昆虫の系統関係の推定には他の節足動物が外群として適当でしよう。

このような外群は、単に「遠縁であると仮定」されているだけですが、その仮定を置くことで対象生物群――外群に対して「内群（ingroup）」と呼ばれます――の系統樹に根をつけることができます。たとえば、図3―5の無根系統樹でOを外群と仮定しましょう。このとき、Oに関して次のやりかたで根をつけます（図3―6）。

外群Oは現実に観察された生物ですから端点（●）のひとつです。このとき、内群（A＋B＋C）に対して遠縁であると仮定しましたので、外群と内群を結ぶ枝のどこかに「根」があることになります。この根は実際には観察されず、外群によってその存在が仮

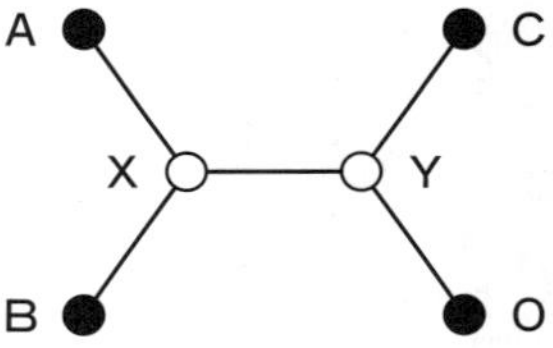

図3-5：外群Oをもつ無根系統樹

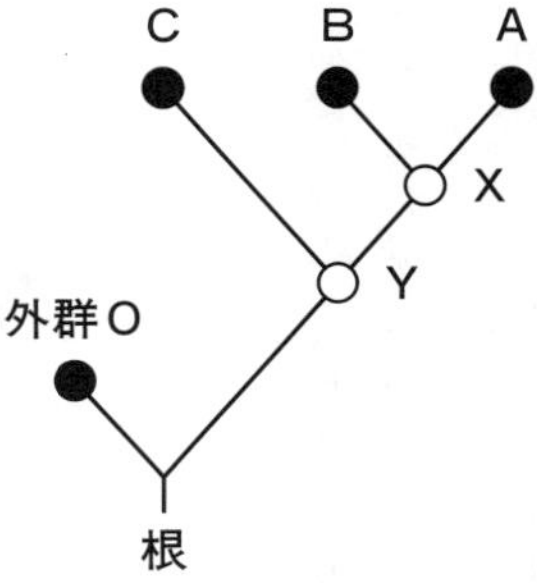

図3-6：Oに関する有根系統樹

定されるだけです。しかし、そのような緩い仮定であっても、無根樹から有根樹を導くには十分です。

データ＝ある形質の形質状態

系統樹に関係するさまざまな推定問題（樹形推定や仮想祖先の復元）は、データをもつ端点を出発点として解かれます。端点がもつデータとは、ある「形質」（特徴）のとるさまざまな「形質状態」です。

たとえば、ある遺伝子のＤＮＡ塩基配列のある位置（サイト）の塩基を形質とみなすならば、その位置を実際に占める塩基（Ａ、Ｇ、Ｃ、Ｔ）は各端点がとり得る形質状態となります。端点の形質状態は観察されたデータですが、内点に配置される形質状態は端点の形質状態から何らかの基準のもとで推定されます。形質とは系統樹の各点（端点と内点）に対して、ある形質状態を対応づける規則であるといえます。

具体的にいえば、塩基配列・生物個体・写本・言語など、形質状態を割り振られたあらゆるものが、端点とみなされます。その一方で、内点は形質状態が与えられていない仮想的な点ですから、生物系統学なら仮想祖先、歴史言語学なら祖語、文献系図学なら祖本がここでいう内点にあたります。

それでは、どのようなタイプの形質が系統推定に用いられるでしょうか？　ある長さのDNA塩基配列の特定の座位（サイト）に入る塩基を考えてみましょう。この場合、形質とは「この座位に入る塩基」を意味し、実際に可能な形質状態はA、T、G、Cの四つです。これらの形質状態は離散的（連続量ではないということ）で、中間的な形質状態はありえません。すべての変化は4塩基の間の置換として、つねに1ステップで変化できます。このような性質をもつ形質は「無順序型」の形質と呼ばれ、たとえばDNAの塩基配列やタンパク質のアミノ酸配列がこれに相当します。

一方、離散的な整数値または連続的な実数値として数直線上に表現できる形質もあります。たとえば、手足の指の数のような整数値形質や、遺伝子頻度のような連続値形質がそれにあたります。これらの形質は数値的な大小関係により順序付けができるので、総称して「順序型」の形質と呼ばれます。

0（ある）／1（ない）状態として二値コード化できる形質、分子データではたとえば制限酵素による切断部位データ（認識塩基配列の有無を01の二値状態で表したもの）や分子配列の挿入／欠失データは、順序型であると同時に無順序型とみなすこともできます。

場合によっては、形質状態そのものではなく、形質をもつ2点の間の距離または類似度の数値がデータとして用いられることもあります。

このように、ある形質の形質状態は、系統樹の端点に対してデータとして与えられます。系統樹を推定するためには、このようなデータが端点に与えられたときに、それらの端点を含む系統樹の樹形と内点の仮想的形質状態をどのようにして推定するのか、という問題を解く必要があります。

3 アブダクション、再び――役に立つ論証ツールとして

AI研究がアブダクションを磨いた

第1章第3節では、与えられたデータから最良の仮説を導くための「アブダクション」という推論様式について説明しました。進化学や系統学を含む歴史科学では、絶対的な意味での「真実」を発見することが目標なのではなく、むしろその時点で得られたさまざまな証拠を踏まえて、その時点での最良の説明を与えることを目指すべきだろうと言いまし

た。以下では、形質データから系統樹を推定するためのアブダクションの手順について説明しましょう。

まずはじめに、第1章で論じた推論様式としてのアブダクションをさらに肉付けをする必要があります。最良の仮説を導くというスローガンだけでは、現実のデータ解析のツールであるためにはいまひとつ具体性に欠けるからです。

論理的推論の様式について検討するというのは、いかにも哲学や論理学の専売特許のように思われるかもしれません。確かに、アリストテレスの有名な『分析論前書／後書』では詳細におよぶ推論形式の検討がなされています。しかし、新参者のアブダクションの磨き上げは、実は古典的な論理学の世界では無視されたままでした。演繹や帰納という、どちらかといえばハードな推論に比べて、アブダクションのもつソフトさ（悪く言えばいい加減さ）が従来的な意味での論理学の枠内にはおさまらなかったのかもしれません。

推論過程としてのアブダクションに関心を向けたのは、意外なことに、人工知能（AI）研究というとびきりモダンな研究領域でした。人工知能あるいはそれに直結するロボット工学の分野では、与えられた知見のもとで最適な動作を行うアブダクション的な推論は、現実的に有効な判断を下し、正しい動作をするロボットをつくりあげる上で不可欠の要素です。そのため、古典的論理学以上に、アブダクションのしくみについての研究を深めるだけの強い動機づけがそこにはありました。

人工知能におけるアブダクションの研究史の中でとくに大きな影響を及ぼしたジョセフソン夫妻は、アブダクションの推論様式を次のように定式化しました。

前提1　データDがある。
前提2　ある仮説Hはデータを説明できる。
前提3　H以外のすべての対立仮説H′はHほどうまくDを説明できない。
結　論　したがって、仮説Hを受け入れる。

このようにアブダクションを定義すると、他の古典的な推論様式（演繹と帰納）とのちがいがみごとにあぶり出されてきます。演繹と帰納はある意味で対極的な推論様式なのですが、いずれもデータ「のみ」からある仮説の真偽を判定するという点では共通しています。一方、右のように定式化されたアブダクションは、対立する他の仮説との相対的比較が決定的に重要です。データのもとで、対立候補との競争をさせることでベストを選び出すという文脈依存性がアブダクションの根幹であるということです。

はてしない推論の連鎖

ジョセフソン夫妻は、アブダクションによりある仮説がベストであると判定されるための諸条件を箇条書きに要約しました（John R. Josephson and Susan G. Josephson 編, 1994）。

（1）仮説Hが対立仮説H′よりも決定的にすぐれていること。
（2）仮説Hそれ自身が十分に妥当であること。
（3）データDが信頼できること。
（4）可能な対立仮説H′の集合を網羅的に比較検討していること。
（5）仮説Hが正しかったときの利得とまちがったときの損失を勘案すること。
（6）そもそも特定の仮説を選び出す必要性があるかどうかを検討すること。

このようなアブダクション基準を満たす最良の仮説は、ある時点のデータと対立仮説との比較により得られた「知的推測（intellectual guess）」であるということです。さらに新しいデータが加わったり、あるいは想定しなかった新しい対立仮説との比較により、その推測が覆される可能性はいつでもあります。したがって、アブダクションは終わりのない推測の連続であるとみなされます。

さて、人工知能研究で得られたアブダクションに関するこれらの特徴づけは、驚くべきことに、系統樹の推定問題にほとんどそのまま適用することができます。以下ではそれについて述べますが、その前にひとつ明らかにすべきことがあります。それは、仮説がデータを〝うまく説明する〟とはどういうことかという点です。演繹あるいは帰納は手順こそちがっていても、最終的には仮説の「真偽」をよりどころとしています。しかし、アブダクションはその出発点からして仮説の「真偽」に頼るわけにはいきません。それとは別の次元で、データに照らした仮説の「良否」を判定しなければならないということです。

しかし、仮説の「真偽」を前提としない「良否」の判定基準を、一意的に定めることはたいへん難しい問題です。というか、はっきりいえば、仮説の良し悪しを判定する最適化基準を決めろというのは、もともとできない相談なのかもしれません。実際、系統樹の推定という個別の問題にかぎっても、最節約基準・最小進化基準・最尤基準・ベイズ事後確率基準など、さまざまな最適化基準がこれまで提唱されてきました。そして、いずれの最適化基準を採用すればいいのかをめぐる論争が、最近の系統学業界でのもっともホットなテーマのひとつになっています。

以下では、最適化基準を伴うアブダクションを、系統樹の推定にどのように適用するかを解説するために、最節約性というひとつの最適化基準を考えることにしましょう。

4　シンプル・イズ・ベスト——「単純性」の美徳と悪徳

目指すは〝最良〟の説明

系統樹とは要するに何なのか？——と問われたとき、それはある現象に対する説明であると私は即答することにしています。その現象とは、生物系統学ならば、生物進化の過去の歴史でしょう。あるいは、それは私たち人類が話す諸言語の類縁関係かもしれません。場合によっては、古手稿のたどってきた写本系譜だったりするでしょう。さらには、蕎麦屋の暖簾《のれん》分けや落語の師弟関係や芸事の家元系図が関心の的になることも、日常生活ではありえるでしょう。

日常生活者であろうが、職業的科学者であろうが、未知の現象や関心の対象が眼前にあるときには、自力で（あるいは他力であっても）その問題を解決したいし、結論を得たいと考えます。これまでの章で挙げてきたものも含めて、これらあまたの「系統」に対する私たちの興味は、何らかのやり方で説明してもらうことによって、はじめて満足されるでしょう。つまり、系統関係を表現する系統樹を目の前に示されたとき、私たちは、「あ、そういうことだったのか！」という共感とともに、自分の抱いてきたさまざまな疑問や好奇心に決着をつけられたと納得できます。

論証様式としてのアブダクションが目指す「最良の説明」というのは、それと無関係ではありえません。〝正しい〟という意味を必ずしも含まないように、ある説明や仮説に冠せられる〝最良の〟という形容詞が意味するものをうまくすくいあげることは、たいへんおもしろく、そしてたいへん難しい問題であることは明らかです。ここでは、「最節約性」という最適化基準を例にとって、議論を深めてみましょう。

伝言ゲームでまちがって伝えたのは誰？

ある小学校のPTA連絡網を通じて、ある情報「X」が伝達されるという状況を想定してください。保護者Aさんは元情報「X」を次のBさんに伝達し、Bさんは受け取った「X」を次のCさんに伝達する……。おわかりのように、この伝達の経路（連絡網）を通じて、伝言「X」のある系譜が生じます。

いま、連絡網の最後の保護者Zさんが受け取った伝言が、元の「X」とは少しちがう

「X′」というメッセージだったとしましょう。連絡網経由の伝言は、「正確に次に伝える」という鉄則がありますから、それぞれの保護者は「X」という伝言を間違いなく伝えるように気をつけているはずです。しかし、伝言ゲームという遊びがあるように、情報の伝達過程ではえてしてうっかりミスやエラーが混ざることがあり、なまじ「正確に伝える」という制約が課されているために、そういうミスやエラーを含めてすべてが次の人に伝達される結果になってしまいます。

さて、最後に変異メッセージ「X′」を受け取ったZさんは、最初に元メッセージ「X」を流したAさんから、伝達網のどこかで「X」が「X′」に変わってしまったことを知らされました。Zさんはこの現象（伝言ミス）をどのように解釈して、説明できるでしょうか。おそらくZさんは、「連絡網の中の〝誰か〟がまちがって伝えたにちがいない」と考えるでしょう。

そこで、Zさんは、連絡網の何人かの保護者に連絡し、どのような内容の伝言を受け取ったのかを調べてみました。その結果、ある保護者Pさんから伝言を受け取った保護者はすべて「X′」という内容を答えたのに対し、Pさんより前の保護者は「X」と答えました。この調査結果を見て、Zさんは「Pさん」が伝言「X」をまちがって「X′」と伝えたのだと結論しました。つまり、Zさんは、アブダクションによって、「XをX′に変えたのはPさんだ」という説明（仮説H）に達したわけです。

この仮説Hのもとでは、伝言の変化は「Pさん」のところでただ一回生じただけです。すなわち、仮説Hは、変化回数を最小化しています。基準となるある変数を最小化することで特定の仮説を選択することは、「最節約基準」にもとづく仮説選択と呼ばれています。Zさんは、伝言系譜における変化の発生を最節約基準に則って推論したことになります。

もちろん、この推論Hが真実である保証は必ずしもありません（だからこそアブダクション）。ひょっとしたら、Pさんがまちがって伝えた「X′」を、次のQさんが機転を利かせて「X」に戻して次のRさんに伝えたのに、そのRさんがまたまちがって「X′」を続くSさんに伝達した（しかもQさんは運悪くZさんの調査から漏れてしまった）――というのが真相だったかもしれないからです（確率的にはかなり低くなるでしょう）。この場合、真実は「X→X′」変化が二回（PさんとRさん）、および逆の「X′→X」変化が一回（Qさん）の計三回の変化ということになります。

最節約的説明は必ずしも正しいわけではありません。しかし、そういう真実とは無関係に、Zさんは最節約的説明Hを提示し、おそらくその説明は共感をもって他の保護者に受け入れられるでしょう（真相が明らかになるまでは）。

写本系図のつくり方

一般に、過去の歴史を推論するという作業は、いわば「Zさん」と同じ状況に身を置くことです。関心をもった現象に関して、かぎられた知見しか得られていないにもかかわらず、その現象に関する推論をして、その時点で〝最良の〟(と判断される)説明を示さなければならないからです。実際、歴史や系譜の推定に関わる過去の学問史を振り返ってみると、さまざまな学問領域に、数多くの「Zさん」が散在していたことを私たちは知ります。

歴史や系統の復元は、生物進化という考えが出現するはるか前から行われてきました。それは、ここで挙げた伝言系譜とよく似た、比較文献学での古写本の復元でした。

コピー機などない時代には、原本(祖本)からの書写によって複製(写本)をつくってきたわけですが、その過程では伝言ゲームと同じく、さまざまな誤字・脱字あるいは段落の欠落や移動などの誤りが生じ得ます。そして、このような書写の誤りを手がかりとして、子孫写本の間の系統関係を推定し、系統樹(写本系図)として示すことができます。

たとえば、十九世紀初頭の比較文献学者カール・ラハマン(Karl Lachmann)は、聖書のさまざまな写本間の「血縁関係」を分析することにより、過去に失われてしまった祖本の復元をもくろみました。彼は、書写の過程でのミスをその重大性の程度にしたがって次のように分類しました。

（1）偶然的過誤：いつでも生じ得る過誤（語句のスペルミスなど）
（2）指示的過誤：偶然には生じにくい過誤（語句や文の欠落・置換・移動など）
（2－1）結合的過誤：複数の写本に共有される指示的過誤
（2－2）分離的過誤：ある写本に特有な指示的過誤

偶然的過誤は書写生がいつでも誤る可能性が高いミスですから、それが複数の写本に見られるからといって、それらの写本が共通の祖本に由来するという仮説（説明）はあまり信頼ができません。一方、指示的過誤、なかでも結合的過誤は偶然に生じる可能性が低いので、それを複数写本が共有しているならば、同一の共通祖本に由来するという仮説は説得力を持つことになります。分離的過誤はある写本独自の特徴を示すことはできても、写本相互の類縁関係の手がかりにはなり得ません。

このようにして、複数の写本に見られるこれらの過誤のタイプ（偶然的かそれとも）を識別したとき、結合的過誤の生起回数がもっとも少なくなるような写本系図が、もっとも妥当であるという結論が自然に導かれます。つまり、結合的過誤の回数に関する最節約基準が、写本系図の推定の根拠になっているということです。

人間の基本的な思考形態に文理の区別なし

歴史言語学でも、比較文献学とまったく同様の方法論が見られます。言語進化を現存のデータ（音韻など）から復元する方法は「比較法」(Hoenigswald 1960,1963）と呼ばれてきました。比較法の基本は、子孫言語に共有された新形質（たとえば派生的な音韻が共有されていること）に基づいて、言語系統の近縁性を見出すことにあります。ここでもまた、最節約基準に基づく言語系統樹の推定が重視されています。言語学者ヘンリー・A・グリーソン（H.A.Gleason）はこう言っています（Anthropological Linguistics, 1: 22-32 1959）。

「言語や単語の歴史において新形質や借用など不連続性を生む変化はまれであると仮定することは、歴史的方法の本質である。したがって、そのような変化の回数を最小化するような歴史的説明がもっとも確率が高い」(p.24)

まさに「Zさん」がここにいるではありませんか。学問領域を越えて（あるいは日常生活も含めて）、同一の考え方が独立に生じてきた意味はけっして小さくありません。人間のもつ基本的な論証形態には、表面的な文系／理系の区別はなく、じつは共通の思考回路が底流にあることが垣間見えてきます。

私は、大学院にいた頃から一貫して、生物進化や系統発生に関わる概念的・理論的な問題に関心を向けてきました。具体的な「モノ」に対してより強い関心を向ける生物系研究者の多い日本の学界の中では、その意味で、きわめて少数派に属していることを実感してきました。しかし、多数派に属していない視点をもつことは、ときにおもしろい「コト」との遭遇を可能にしてくれます。進化学や系統学の方法論は生物学の専売特許では必ずしもなく、実は人文系の学問にも及ぶ、もっと広く根を伸ばした思潮のひとつであることに気がついたのも、おそらくそういう私の経歴の中での遭遇経験のひとつでした。

複数の学問領域をクロスオーバーして物事を見る最大の利点は、ある特定の学問で用いられている概念なり方法なりを、通分野的な比較の視点で再検討できるという点に尽きます。科学史的にもほとんど関係がない、別個の学問分野で類似の(場合によっては同一の)概念や方法論が開発され、利用されているという事例は、対象問題の類似性を示唆するだけではなく、ある問題群のもつ根幹的な共通性、ひいては、あるタイプの問題にアプローチする人間側の思考様式の本質的な同一性までも見えてくるようです。

5 なぜその系統樹を選ぶのか――真実なき世界での科学的推論とは？

可能な系統樹の集合

それでは、前節で述べた単純性（最節約性）に則った最適化基準を、系統樹の推定に当てはめてみましょう。まずは簡単な例から手始めに。

いま、ヒト（A）、サル（B）、およびイヌ（C）という三つの生物を考えます。これらの生物A～Cには「背骨がある」とか「胎生である」とか「恒温性をもつ」など多くの共有形質があります。仮にこれらの共有形質を欠いた生物（卵生の鳥類でも、変温性の爬虫類でも、あるいは無脊椎動物でもいいでしょう）を外群（O）とすると、A～Cからなる内群の系統的位置は、図3―6の描き方に従えば、図3―7（次ページ）のような有根系統樹として描くことができます。

この図3―7は、単に外群Oを仮定したときに、内群A～Cが系統的に互いに近縁な群を形成していると述べているだけであって、内群のどのふたつが互いにより近縁であるかということで解くべき問題を解決しているわけではありません。つまり、この図は系統推

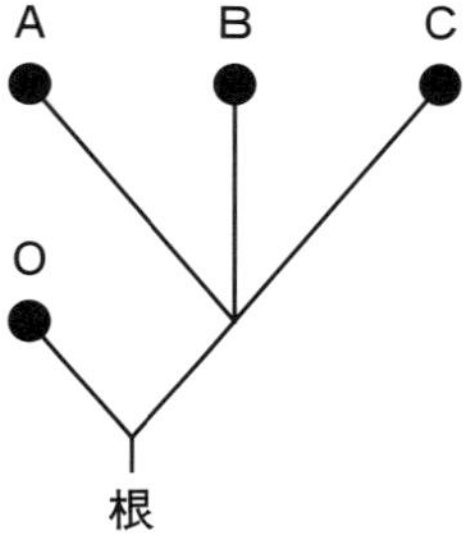

図3-7：系統推定の出発点

定の出発点を示しているだけです。A～Cの間の系統関係がこの時点で未解明であることを、系統樹の枝の「三分岐」によって示しました。

では、まだ解明されていない内群の系統関係はどのように解決されるのでしょうか。系統推定の目的は、生物のもつさまざまな形質の情報に基づいて、未解決の系統関係の解明を行うことにあります。しかし、形質データを集める以前に、「可能な解の集合」は、実はグラフ理論的に確定できます。図3—7の場合、未解決の三分岐を二分岐として解決できるとすれば、すなわち、内群を構成するA、B、Cのいずれかふたつが、残るひとつに対してより近縁であるという可能性は、図3—8の三つしかありません。

たとえば、図3—8の（1）の有根系統樹は、「Aに対してBとCは互いにより近縁である」と表現できます。同様にして、（2）は「Bに対してCとAは互いにより近縁である」、（3）は「Cに対してAとBは互いにより近縁である」という系統関係を表しています。

重要なことは、これら三つの二分岐系統樹のほかには解はありえないということです。したがって、観察された形質データのもとで、（1）～（3）のいずれがベストであるかを推論することが、系統推定におけるアブダクションということになります。

最適化基準のもとでベストを決める

いま、形質データとして、「二足歩行をする」という行動的形質Mの知見が得られたとします。二足歩行という形質をもつときには「状態1」、もたないときには「状態0」という形質コードを決めると、この例では次のような形質状態の分布が見られます。

A＝「1」、B＝「1」、C＝「0」、O＝「0」

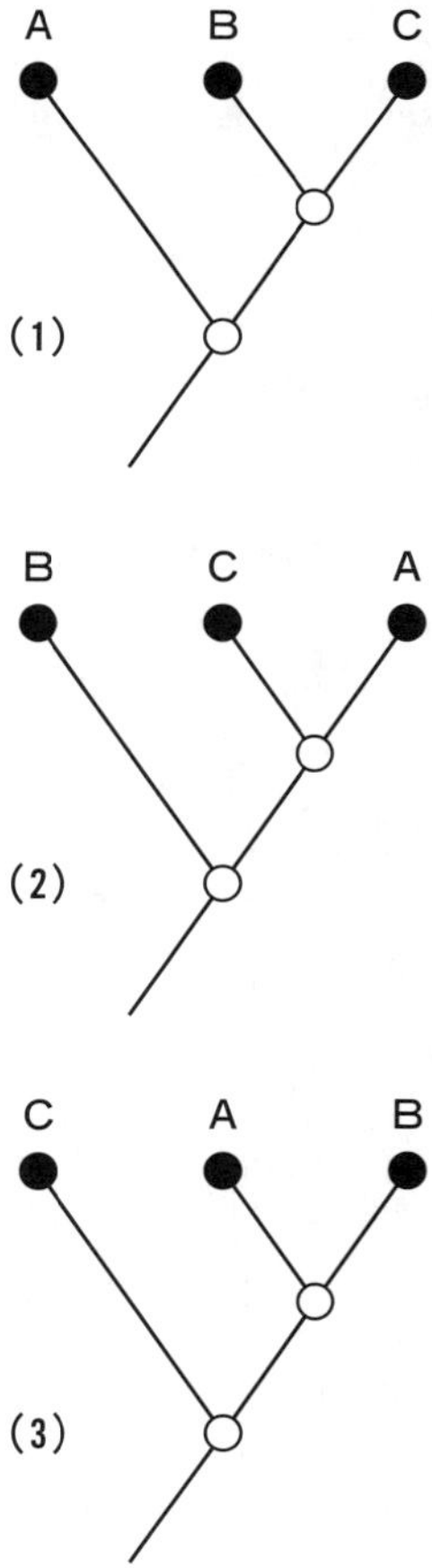

図3-8：可能な二分岐系統樹
(外群は省略)

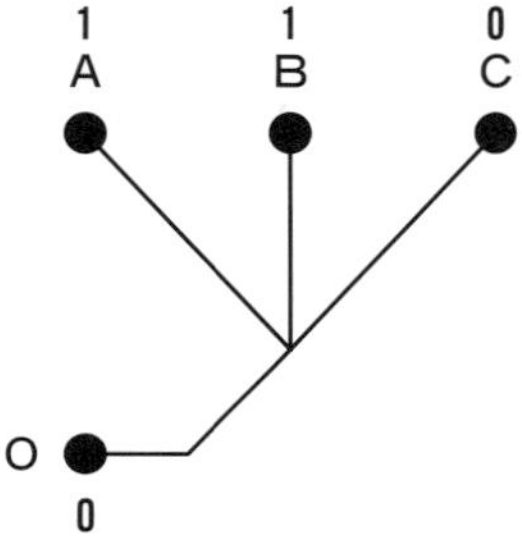

図3−9：形質Mの形質状態の分布

図3—7の系統樹の上に、この形質状態の分布を置くと、図3—9のようになります。

この形質Mが系統樹の上で進化した、すなわちMの形質状態が変化してきたとすると、どの枝で形質状態がどのように変わったのかに目を向ける必要があります。図3—9に対する可能な三つの「解」が、この形質状態の分布をどのように説明しているかを調べてみましょう（図3—10）。

系統樹が形質データを「説明」するとは、観察された形質状態の「分布」を系統樹の上での形質状態の「変化」（つまり「進化」）の結果として「説明」するということです。外群Oは状態「0」をもっていますので、内群で状態「1」が生じるためには、どこかの枝で「0→1」の形質状態の変化が生じなければなりません。

図3—10に示したように、個々の系統樹（解）はそれぞれ異なるやり方で観察データを説明しています。解（1）～（3）は、どこの枝で形質状態の変化を起こさせるかがちがっているということです。

解（1）では、○で示されたふたつの仮想共通祖先は、どちらも状態「0」をもちます。したがって、AとBが状態「1」をもつためには、共通祖先からA、Bそれぞれにつながる枝で「0→1」変化（図中では「＋」印で示しました）が生じなければなりません。このとき、系統樹（1）は、全体として二回の状態変化の回数が要求されます。

同じことは、解（2）でもいえます。（1）とは系統樹の樹形が異なっていますが、（2）でもやはり共通祖先からA、Bそれぞれにつながる枝で「0→1」変化が起こることが要請されます。したがって、解（2）もまた二回の形質状態変化を要求します。

一方、系統樹（3）では事情がちがいます。状態「1」をもつAとBは、ある仮想共通

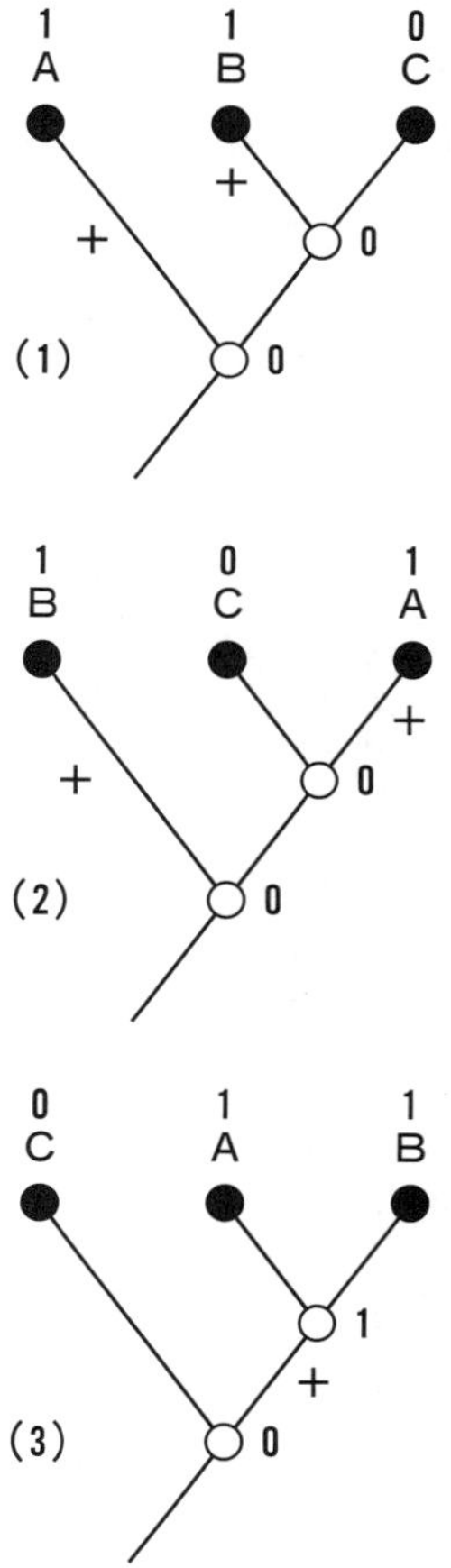

図3-10：二分岐系統樹による形質Mの説明（「＋」の枝で0→1の状態変化が生じた）

祖先から発する群（単系統群）を形成しています。このとき、状態「1」を共有するAとBの共通祖先もまた、状態「1」を有すると仮定できるでしょう。とすると、解（3）では、その共通祖先にいたる枝で一回だけ「0→1」変化を仮定すれば、それだけで観察された形質状態の分布が説明できます。

まとめれば、系統樹（1）と（2）は計二回の形質状態変化を仮定する必要があるのに対して、系統樹（3）はただ一回の変化を仮定すればいいということです。

系統推定において、系統樹の上での形質状態の変化回数を最小化するという最適化基準は、「最節約基準」と呼ばれています。先のデータのもとで最節約基準に準拠して系統推定をしたとき、形質状態の変化がもっとも少ない系統樹（3）が最節約解と判定されます。最節約性という最適化基準のもとで、この解（3）がベストであると判定されたわけです。

乗り越えられない計算上の「壁」

この簡単な例が示すように、系統推定におけるアブダクションは、与えられた形質データのもとで、対立する系統樹解のあいだで比較を行い、ベストの解を発見するという「最適化問題」に置き換えることが可能です。

系統樹（あるいは後で言及する系統ネットワーク）は、数学的にはあるタイプの代数的グラフのひとつと定義できます。与えられた最適化条件のもとで形質データからベストの解に到達する系統推定アブダクションは、「離散最適化」という現代数学での問題領域のひとつとみなすことができます。対象物そのものはたとえみずみずしい生きものであったとしても（博物館の片隅で乾いてしまった標本であることも少なくないのですが）、ベストの系統樹を発見するためには、学問分野を異にする現代数学やコンピュータ科学との連携協力が不可欠であるということです。

「系統樹の科学」の中で、推論（アブダクション）に関する部分が数学につながるという私の主張はすぐにはわかってもらえないかもしれません。そこで、手がかりとなる論点をひとつ挙げておきましょう。先ほどの事例では、A、B、Cの三種類の生物がつくる内群に関して、ごく単純な系統関係を考えてきました。外群Oのもとで内群の二分岐的な系統樹には三つの可能性しかなく、与えられた形質状態のもとでどの系統樹がベストであるかが解くべき問題でした。それでは、対象となる生物がもっと多い場合（すなわち系統樹のグラフを構成する点の数がもっと多い場合）はいったいどうなるでしょうか。

ばくぜんと考えただけでも、生物（点）の数が多くなればなるほど、系統推定問題は複雑になり、解くのが難しくなると多くの人は直感的に感じ取るでしょう。しかし、同時に、最新のコンピュータがもつ驚異的な性能と日進月歩の技術開発を考えれば、どれほど大きくて複雑な問題であっても、難なく解けてしまうのではないかと思ってしまう人も少なくないでしょう。ベストの系統樹を推論するという系統推定のアブダクションを論じるとき、この考えは実はまちがっていると、まずはじめに指摘しなければなりません。どんなにコンピュータのハードウェアやソフトウェアが進歩したとしても、現時点では乗り越えられない計算上の「壁」があるという事実です。

何も難しいことではありません。系統樹の内群の「点」の数をひとつずつ増やしていったとき、いったい何が起こるのかを自分で確かめさえすれば、そのことはすぐに理解できます。まずはじめに、二つの「点」からなる簡単な系統樹を考えてみましょう。

内群に二つしか点がない場合、可能な系統樹は図3―11に示したひとつしかありません。それでは、次に、この系統樹に第三の点Cを付け加えてみましょう。図3―11の系統樹には三本の枝があり、点Cはそのそれぞれの枝に付加することができます。たとえば、AとBの仮想共通祖先である内点◯からBにつながる枝にCを付けると、図3―12の系統樹になります。

この場合も含めて、可能な三通りの付け加え方をすると、図3―8に示した三つの系統樹が得られることは容易にわかるでしょう。式で書けば、〔3点系統樹の個数〕＝〔2点系統樹の個数〕×〔2点系統樹の枝の数〕＝1×3＝3（通り）ということになります。

さらに、もうひとつ点Dを増やしてみましょう。図3―12の3点系統樹には五本の枝があり、そのそれぞれに対して点Dを付加できます。その結果、たとえば、BとCの仮想共通祖先である内点○からCにつながる枝に点Dを付加すると、図3―13のような4点系統樹が描けます。

三つの3点系統樹のそれぞれについて、上の付加が可能ですから、4点系統樹の総数は、〔4点系統樹の個数〕＝〔3点系統樹の個数〕×〔3点系統樹の枝の数〕＝3×5＝15（通り）ということになります。

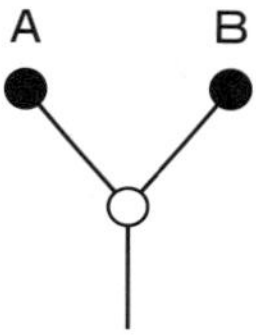

図3-11：2点系統樹

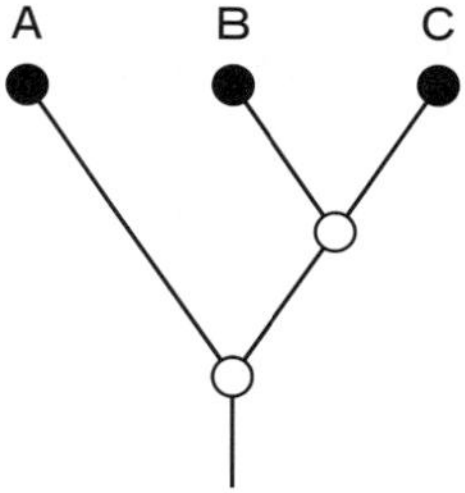

図3-12：3点系統樹

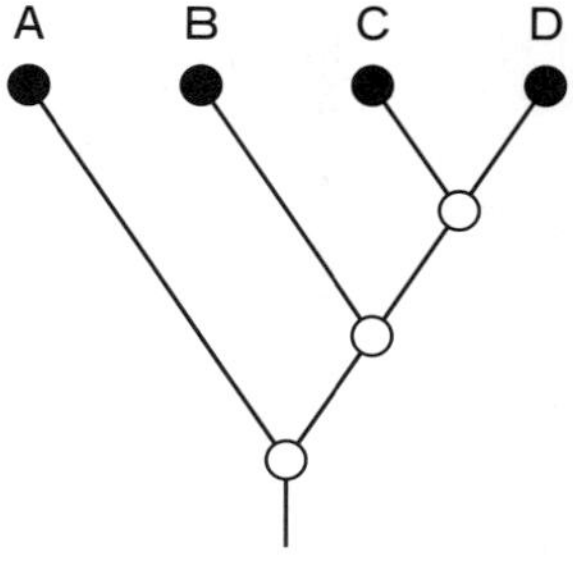

図3-13：4点系統樹

同様にして、ある点をもつ系統樹の総数と枝の本数の積を計算することにより、ひとつ点が多い系統樹の総数が求められます。実際、5点系統樹、6点系統樹、7点系統樹の総数は、それぞれ15×7＝105, 105×9＝945, 945×11＝10395となります。

一般に、n点（n＞1）からなる二分岐的な有根系統樹の総数B(n)は、n−1点からなる系統樹の総数B(n−1)とそのときの枝の本数2n−3との積に等しくなります。

$$B(n)=B(n-1)\times(2n-3)$$

先ほど求めたように、B(2)＝1, B(3)＝1×3, B(4)＝1×3×5, ……となりますので、

$$B(n)=1\times3\times5\times\cdots\cdots\times(2n-3)$$

という一般式で系統樹の総数は計算できることになります。

この式を簡単にいえば、「奇数を順番に掛けていけば系統樹の総数になる」ということです。口で言うのは簡単ですが、掛け算を繰り返すことになりますので、nが大きくなるにつれて、系統樹の総数はばくだいな数に達することがわかります。

実際、ｎ＝10という、直感的にはたいして多くもない点を含む系統推定問題でさえ、3400万個を超える総数（34,459,425個）の系統樹を相手にしなければなりません。系統樹の総数はｎ＝20で早くも20桁に達し、ｎ＝50では75桁を超える巨大な数になってしまいます。

生物学者が日常的に遭遇するｎが数十～数百の状況では、浜の真砂《まさご》どころか、宇宙の全原子数（10^{80}個）よりもはるかに大きな「系統樹集合」がそこにあることに、私たちは気づかされます。調べなければならない解の探索空間は、文字どおり広大無辺なのです。

しらみつぶしは無理

ベストの系統樹を推論するという問題は、観察されたデータに照らして、互いに対立する可能な系統樹のあいだで比較をすることだと私は論じました。しかし、多くの点を含む系統推定問題では、可能な系統樹の総数が爆発的に大きくなって、その結果、系統樹間の比較が現実的に困難になってしまうという事態に直面します。

性能のいいコンピュータさえあれば、こういう難問だって解けてしまうだろうという楽観論は、ここでは通用しません。古くから知られている計算上の難問のひとつに、「スタイナー問題」という最適グラフを計算する問題があります。このスタイナー問題とは、与えられた制約条件（最節約性）のもとで、点と点とを結ぶ最節約グラフを求めるという単純な問題です。ベストの系統樹を推論するという問題は、先に説明した最節約原理のもとでの最短系統樹の探索とみなしたとき、スタイナー問題に帰着することができます。

点の数が増えたときにスタイナー問題を解決するには、天文学的な計算時間が必要で、最適解を求めるための有効なアルゴリズムはまだ開発されていません。正確に言えば、そのようなアルゴリズムが開発可能かどうかということさえ、現時点では証明されていないのです。これらの問題は、コンピュータ科学では「NP完全問題」という名前で以前から知られてきました。「四色問題」や「フェルマーの最終定理」など、過去の数学者たちを悩ませてきた難問が苦労の末に征服された今、現代数学に立ちはだかる「NP完全問題」は最後に残された未踏峰だとさえ言われています。

それでは、「力の及ぶかぎりベストの系統樹を推論したい」という生物学者や歴史学者のささやかな希望は、NP完全問題という計算上の難問にぶつかって潰《つい》えてしまうのでしょうか。確かに、NP完全問題が解決されていない以上、データのサイズが大きくなったとき、最適解を求めるのにものすごく時間がかかるという現実はどうしようもありません。少なくとも、可能な系統樹をひとつひとつしらみつぶしにチェックしていくやり方では、どうしようもなくなるだろうということは容易に想像できるでしょう。

実際、このような「網羅的探索」によって最適系統樹を発見するのは、たとえ高性能のコンピュータを使って計算したとしても、せいぜいnが十数個までの小さいサイズのデータにかぎられてしまいます。

発見的探索

では、それよりも大きなサイズの系統推定問題を解くためには、どのようにすればいいのでしょうか。系統学者にかぎらず、こういう最適化問題に立ち向かう有力な武器は、さまざまな「発見的探索」のための方法です。

発見的探索とは、探索しようとするパラメータの初期値を任意に与え、そのパラメータ値を少しずつ変えながら、目的関数（ここでは樹長すなわち形質状態の変化数）が最適化されるまで探索を続けるという方法を指します。たとえて言えば、目的関数がつくる地形を探索することによって、「最高峰」を目指すということです。最節約原理のもとでの系統樹の発見的探索では、最初にすべての端点を含む初期系統樹を与え、枝の位置を付け替えることにより樹形を少しずつ変えながら、樹長が最小になるまで樹形探索を続けます。

このような発見的手順による最適解の探索は、網羅的手順による探索に比べて時間を節約することができます。すべての可能性をしらみつぶしに調べあげるのではなく、探索の範囲をもっと限定しているからです。

しかし、いいことばかりではありません。最大の問題点は、発見的探索によって得られた解には「正しい」最適解であるという保証がないことです。網羅的探索では解の探索空間の中をくまなく調べ尽くすので、それによって得られた最適解は文句なしに「正しい」最適解です。一方、発見的探索は探索空間の一部分をかいつまんで調べるだけですので、悪くすると「正しい」最適解を見つけそこない、大域的に見れば最高峰ではない丘（局所解と言います）に登ってそこで探索を早々と切り上げてしまう危険性があります。

誤解しないでいただきたいのは、ここでいう「正しい」という表現は、得られた解が歴史的な真実であるかどうかではなく、探索空間の中の最高峰（大域的最適解）に到達できているかどうかにかかっています。たとえ発見的探索によって首尾よく「正しい」最高峰（すなわち大域的に最適な系統樹）に登ることができたとしても、その最高峰が歴史的に「正しい」系統樹（すなわち真実の系統発生史）であるかどうかは別問題ということです。

実際には、歴史的に「正しい」かどうかの前に、探索地形の上で「正しい」最適系統樹に到達したかさえわからないという点が、発見的探索の抱える根本的問題と認識されています。

発見的探索は別名「山登り（hill-climbing）法」とも呼ばれています。最高峰を目指して探索を繰り返す行為を登山にたとえた、実に的確なネーミングです。実際、発見的探索が大域的最適解を導けるかどうかは、与えられたデータのもとで、系統樹の探索空間の〝地形〟がどのようになっているのかに大きく依存します。

たとえば最節約基準という目的関数のもとでは、同一の形質状態が繰り返し生じる「ホモプラジー」という現象がデータの中にまったくないとき、他の対立系統樹と比べて最節約基準の上でダントツにすぐれた系統樹がただ一つだけ存在します（図3―9〜3―10で示したように）。このような「富士山」型（単峰型＝unimodal）の探索地形に対しては、どのような発見的探索をしたとしても、まずまちがいなく「正しい」最適解に到達できるでしょう。

その一方で、データがノイズとしてのホモプラジーをいくつも含むような状況では、「正しい」最適解はただ一つとはかぎりません。その例を次に示しましょう。

いま、内群A、B、Cとその外群Oに対して観察された二つの形質M_1とM_2を考えます。それぞれの形質は0または1という二つの形質状態のいずれかをとると仮定します。それぞれの点での形質M_1、M_2の状態の組合せの可能性は「００」、「０１」、「１０」、「１１」の四通りしかありません。この二形質の形質状態の分布が図3―14に示した通りであったとします。

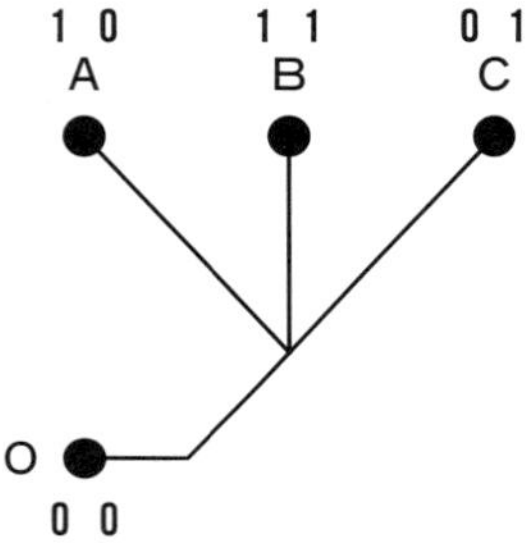

図3‒14：M_1とM_2の形質状態の分布

これらの形質が、対立する三つの系統樹によってどのように説明されるかを図示したのが図3―15です。

それぞれ系統樹の上で、これら二つの形質が何回その状態を変化させたかのステップ数（樹長）を数えると、系統樹（2）だけが樹長4であるのに対し、それ以外の系統樹（1）と系統樹（3）では樹長がいずれも3である同等に最適な解であることがわかります。

なぜ最適解が複数個生じたのかの理由は単純です。外群の形質状態はいずれも0ですから、これら二つの形質が内群で示す状態1は、ともに0に対して派生的な状態と判定されます。系統樹（1）は形質M_2の派生的状態1を共通祖先にさかのぼる相同形質としてより単純に説明できるのに対し（ステップ数＝1）、形質M_1については状態1をホモプラジーとしてしか説明できていません（ステップ数＝2）。これに対して、系統樹（3）は逆に形質M_1の派生的状態1を共通祖先にさかのぼる相同形質としてより単純に説明するが（ステップ数＝1）、形質M_2については状態1をホモプラジーとみなします（ステップ数＝2）。

したがって、二つの形質のいずれを相同とみなすか、あるいはホモプラジーとみなすかがちがうだけで、系統樹（1）と（3）は互角の説明力をもっていることになります。

これらふたつの同等な最適解に対し、残る系統樹（2）はいずれの形質もホモプラジーとしてのみ説明していますので、ステップ数はそれぞれ2となり、樹長は他の二つの系統樹よりも大きな4という値になります。

この簡単な例から類推して言えることは、ホモプラジーの存在を仮定しなければならない場合は（現実の形質データではそうなのですが）、最適系統樹は複数個存在する可能性があるということです。このような場合、系統樹の探索空間は「八ケ岳」型（多峰型＝multimodal）となりますので、発見的探索を行う場合には、たとえ一つの「峰」に到達し

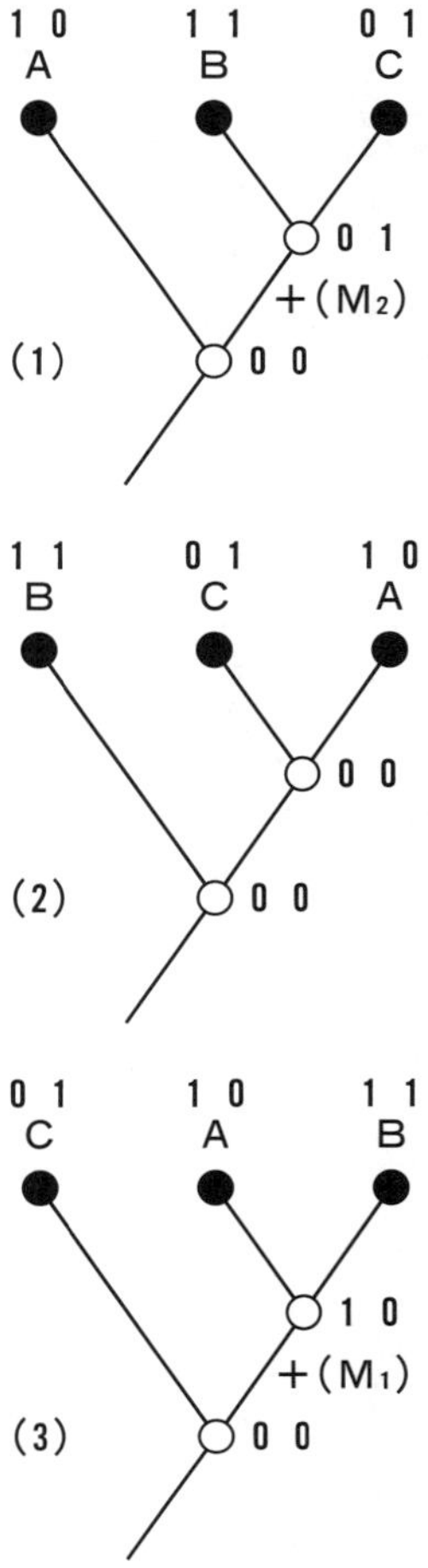

図3-15：形質M_1とM_2の説明

たとしても、他にも同等あるいはそれ以上に高い「峰」があるのではないかという注意深さが必要になります。そのためには、たとえば異なる初期値から出発して山登りを反復して実行するとか、探索の精密さを変えるなど、さまざまな実践的技法が開発され、系統推定のためのソフトウェアに組み込まれています。

「系統樹の科学」に求められること

「ベストの系統樹を探し求める」というアブダクションの作業は、以上論じてきたように、形質データから出発して目的関数の値を徐々に最適化する方向に山登りすることです。言いかえれば、系統推定におけるアブダクションとは、網羅的探索あるいは発見的探索によって最適化問題を解くことにほかなりません。

「ベストの説明を見つける」というアブダクションの推論様式は、それを実行するユーザーに対して喉越しのよくない要求をします。必ずしも真実ではないかもしれないが、手元にあるデータに照らしたときもっとも妥当と判定される説明でよしとせよという考え方に、通常の自然科学の枠組みからは外れてしまいかねない危うさを感じ取る人はけっして少なくないでしょう。

しかし、系統や進化を論じる上では、そのような危うさこそが実は真っ正面から受け止めなければならない、歴史科学としての基本的性格であることを知る必要があります。

過去のできごとを叙述するためには、人を惑わすレトリックやあやふやな物語などではなく、証拠としてのデータによって支持されるベストの説明を提示しなければなりません。そして、その説明がアブダクションによって導かれるとき、どのような最適化基準（目的関数）がいかなる理由で採用されたのか、その背後にある仮定はどのようなものであるのか、さらにはその説明のどの部分にどれほどの信頼が置けるのかを明示することが「系統樹の科学」に求められているのです。

歴史家は、読者を感動させ納得させるためにエナルゲイア〔いきいきと物語る技法（訳注）〕を用いつつ、自分の提示することを真実として通用させるのだ、というのが古典古代の考え方であった。

（カルロ・ギンズブルグ『歴史を逆なでに読む』、二〇〇三年、p.59）

現在もなおわたしたちのものでありつづけている、ひとつの新しいパラダイムが、歴史とレトリックとの近親性に依拠していた古いパラダイムを追奪したのであった。エナルゲイアに証拠《エヴィデンス》が取って代わったのである。……文学的な技巧によって過去をひとつの全体として開示することができるという確信は、過去についてのわたしたちの知識は必然的にほころんだものでしかなく、そこにはところどころに欠落や不確実な点が散在しており、断片と廃墟の上に成り立ったものであるという自覚に取って代わられたのであった。

（同書、pp.75-77）

第４章　系統樹の根は広がり続ける

哲学は、哲学者と呼ばれる一風変わった人々による深遠な学問的練習などではない。哲学は日々の文化的思想や行動の背後に潜んでいる仮定を考察するのである。われわれが自らの文化から学んだ世界観は、ちょっとした仮定に支配されている。そのことに気づいている人はほとんどいない。哲学研究はこうした仮定を暴き出し、その正当性を検討することにある。

（デイヴィッド・サルツブルグ『統計学を拓いた異才たち』、二〇〇六年、p.371）

1　ある系統樹的転回——私的回顧

〝本を学ぶ〟、〝本で学ぶ〟

私は、息をするように本を読もうとつねづね心がけています。それは、どんな本であっても力みなくごく自然に読みたいということであると同時に、活字に飢えたら生きていけないだろうなあということでもあるわけです。

もちろん、体系的に一まとまりの内容をもつ本は、単発の記事や論文とはちがって、それ自身の存在感を読者に強く意識させるので、場合によっては「読者を厳しく選別する」本もあります。学問的に専門化された内容をもつ本（モノグラフのように）ではそういうことがよくあります。

しかし、ある学問分野の研究者コミュニティの中で「読むべき本」として一定の評価を受ける「教科書」は、多くの場合、初学者が手に取ることを考えて、間口を大きく広げた上で、内容の書きかたや項目の配置のしかたにそれ相当の配慮をする必要があるでしょう。何といっても、「教科書」が書かれるということは、その学問分野が成熟段階に達している証しでもあるわけですから、研究者コミュニティの勢力を拡大し、裾野を広げるという視点から見るならば、「教科書」の著者の責任はとても重大だといわねばなりません。

自分が関心をもつ専門分野の「教科書」と呼ばれる本を読むときには、二通りの読み方が考えられます。まずはじめに、とにかくその本を読みきって、そこに何が書かれているのかを理解し、その上で自分がそこから何か吸収すべきものがあるのかどうかを判断するという読み方です。この読書法は〝教科書を学ぶ〟と表現できるでしょう。しかし、もう一歩進んで、その本がなぜ書かれなければならなかったのかを問いかけ、ある学問の系譜の中でその本が占める位置と意義について考えてみるという、突っ込んだ読み方も可能です。この読書法は〝教科書で学ぶ〟と言い表せるでしょう。

〝教科書を学ぶ〟ときに得られるものは、そこに書かれている学問的内容に関する体系的知識です。そして、それが期待されるからこそ「教科書」という評価が与えられるはずです。一方、〝教科書で学ぶ〟ときに得られるものは、科学史に対する読者の興味の強さと背景となる知識をどの程度もっているかによって、大きく変わってくるでしょう。

とりわけ、短期間に大きく成長し変貌した学問分野においては、ある「教科書」が書かれるということは、研究者コミュニティにおいてその著者が試みるひとつの研究戦略にほかなりません。新しい学問的体系を提示し、その勢力を伸ばそうと意図するとき、「教科書」を世に出すことは小さからぬインパクトをもち得ます。教科書を書くことは、学問的な闘いを挑むことなのだと私は思います。

〝教科書を学び〟かつ〝教科書で学ぶ〟ことにより、はじめてその本のすべてを汲み取ったといえるでしょう。

読む以前に門前払い、そして……

私は、農学部の四年生の頃に、はじめて生物体系学の理論や哲学が大きな論争になっていることを知りました。一九八〇年のことです。インテルメッツォで書いたように、進化学・体系学の過去一世紀にわたる現代史を振り返ったとき、一九七〇〜八〇年代は生物の分類体系の構築法や系統樹の推定方法に関する論争が燃え盛っていた頃でした。しかし、私がその世界に足を踏み入れたときには、すでに論争は終盤にさしかかっていて、暫定的勝者となった分岐学（cladistics）の「教科書」がぽつぽつと出始めていました。

十年以上にも及ぶ体系学論争を経て、ようやく研究者コミュニティが落ち着きを見せ、内容的にも初学者が取っつきやすい「教科書」が書かれるようになったのだと私は思い込み、さっそく出入りの書店に海外発注しました。それらは、ナイルズ・エルドリッジとジョエル・クレイクラフト著『系統発生パターンと進化プロセス』（原書一九八〇年、翻訳一九八九年)、エドワード・O・ワイリー著『系統分類学』(原書一九八一年、翻訳一九九一年)、そしてガレス・ネルソンとノーマン・プラトニック著『生物体系学と生物地理学：分岐学と分断理論』(一九八一年)の三冊でした。

そして、数ヵ月後にそれらの「教科書」の現物が手元に届いたとき、私は自分が早とちりしていたことを思い知らされました。〝教科書で学ぶ〟どころか、〝教科書を学ぶ〟ことさえできなかったからです。何を言おうとしているのかがわからない、書かれてある内容がちっとも染み込んでこない——読む以前に私が門前払いされてしまったことは明らかでした。もしこれらが体系学コミュニティの最新の「教科書」であるとしたら、私はそれを読む初学者のレベルにさえ達していなかったということです。

自分に何が足りなかったのか。当時の日本の大学や大学院は、今とはちがって、誰かに教えられるというのではなく、自分でやりくりするのが当たり前でした。しかも、生物分類学に関しては「不毛の地」と自他ともに認めてきた東京大学では、体系学の理論や哲学といったって自学自習あるのみです。試行錯誤しつつ、科学史・科学哲学を勉強し、数学を学び(統計学だけは幸い所属研究室の共通言語だった)、歴史学や言語学にも手を伸ばす、もちろん進化学や体系学のホームグラウンドでの自主訓練も怠らない——そういう基礎トレーニングをしているうちに、しだいに「教科書」を読む知的体力がついてきたことが自覚できました。やっと〝教科書を学ぶ〟段階に達したわけです。

エルドリッジとクレイクラフトの『系統発生パターンと進化プロセス』とワイリーの『系統分類学』は、その後、大学院での自主輪読会やセミナーを利用して通読しました。これらの二冊の本は日本語に訳されたので、分岐学あるいは体系学の「教科書」として日本でもある程度の影響力をもったと思われます。「ある程度の」という但し書きをつけたのは、体系学や分類学の方法論そのものは、昔も当時も、日本では大方の研究者の興味の対象となってこなかったからです。

生物体系学でつねに論議を呼んできた諸点、たとえば種（species）の概念と定義、分類体系や系統樹のテスト可能性、高次分類群（属、科、目など）の構築方法などは、少なくとも一九七〇年代以降の論争の中では、生物学哲学の土俵で体系学者自身が見解を公表してきました。『システマティック・ズーロジー（Systematic Zoology）』というアメリカの動物体系学会の学会誌が、当時の体系学論争の主たる舞台となったのですが、体系学者だけではなく、哲学者や数学者も入り交じって論文が投稿されるという特異な学際的ジャーナルだったことは特筆されるべきでしょう。この雑誌の雰囲気にいったん慣れてしまえば、学問を隔てる「壁」などもともとないのだという確信を得るのに、さほど時間はかかりませんでした。

しかし、日本の体系学コミュニティに目を向けると、個々の分類群に関してはどこまでも没入するが、一般的な方法論や哲学の問題にはきわめて冷淡であるという事実に気づかされます。ひたすらコレクションを蒐集し愛し続ける、「個物崇拝」という日本や中国に特有の文化伝統が遠因かもしれません。あるいは、単に生物分類には倫理はあっても論理はないという思い込みのせいかもしれません。いずれにせよ、日本の「中」に精神的にとどまっていたのではらちがあかず、否が応でも「外」に照準を当てて自分の勉強を進めるしかないことだけははっきりしていました。一九八二年に大学院博士課程に進学したときには、そう決心していました。

2　図形言語としての系統樹

ガレス・ネルソンのもたらしたもの

周囲に同学の志をもつ学生や教師がいない以上、頼りになるのは自分しかいません。そのためには、いつまでも〝教科書を学ぶ〟段階にとどまっているわけにはいかず、体系学の世界を見渡して、おもしろそうな未解決の問題を自分自身の研究課題として見つける必要がありました。それには、まずは〝教科書で学ぶ〟という次の段階に進むしかありません。

エルドリッジとクレイクラフトの本とワイリーの本はいずれも、この研究分野の体系的な全体像を見せてくれました。それと同時に、この二冊は、残る一冊の「教科書」であるネルソンとプラトニックの『生物体系学と生物地理学』からごく深いところで影響を受けていることが読み取れました。

ネルソンとプラトニックの本は、一九六〇年代に英語圏に上陸したヘニック流分岐学の方法論を、大きく転回させるきっかけになりました。もっと正確に言えば、この本は、その出版に先立つ十年の間に、ネルソンが当時所属していたニューヨークのアメリカ自然史博物館を中心として進めてきた分岐学の方法論的発展の決算報告書であり、後年、発展分岐学（transformed cladistics）あるいはパターン分岐学（pattern cladistics）と称される体系学の方法論の「公式文書」とみなされるべきでしょう。本書そのものは確かに一九八一年に出版されたのですが、その影響は出版される数年前から歴然と見られました。実際、本書のもとになった未発表原稿は、体系学関係者の間で内々に回し読まれ、一九七〇年代の論文や総説ではさかんに引用されていたからです。

インテルメッツォで論じたように、昆虫学者ヴィリ・ヘニックが一九四〇～六〇年代に系統分類の方法論を提唱したとき、彼は、種分化は必ず二分岐的に生じ、祖先種はその種分化とともに絶滅するという進化モデルなど、いくつかの進化プロセス上の仮定を置いていました。

これに対して、ネルソンはヘニックの理論から極力これらの仮定を排除し、系統発生のパターンを純粋に抽出できる方法論として発展分岐学を提唱しました。さらに、科学哲学者カール・R・ポパー（Karl R.Popper）の反証可能性理論および汎生物地理学の構築者であるレオン・クロイツァ（Léon Croizat）の地理的分布理論をもちだすことで、生物の時間的・空間的パターンを抽出する一般的方法を目指しました。

ネルソンがそのような新しい体系学の理論を提唱するにいたった動機の核心部分には、現代進化学の主流である、自然淘汰を説明理論とする総合学説に対する懐疑心があったことは疑いありません。

自然淘汰による生物進化の説明は、データに基づくテストができないのではないかという批判的論調が、一九七〇年代当時の科学哲学では声高に論じられていました。ポパー流の科学哲学にしたがえば、そのテスト不可能性は、進化学の中心的理論が経験科学ではないという認識論的判断にいきつきます。

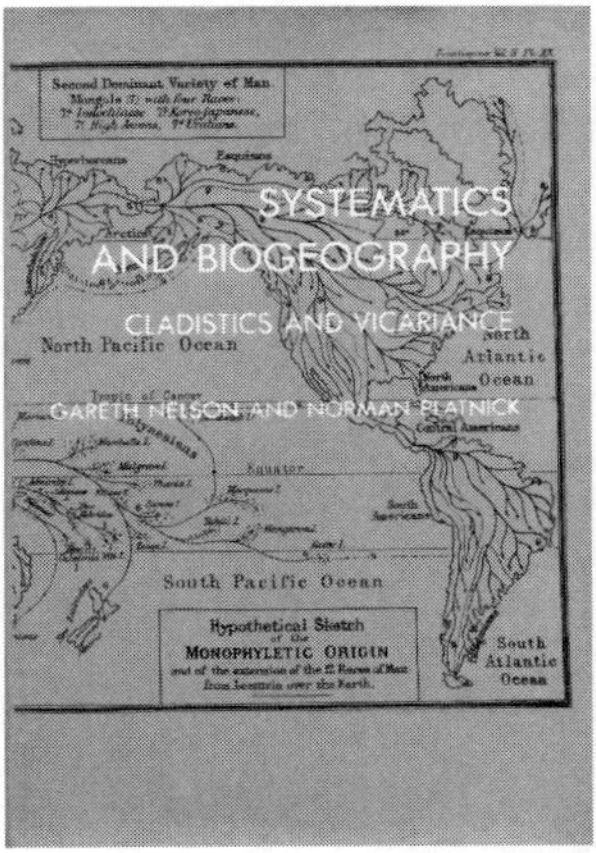

ネルソンとプラトニック『生物体系学と生物地理学』（1981年刊行、Columbia University Press）

その論争の余波が生物体系学（と生物地理学）に及んだと考えることは不自然ではありません。というのは、発展分岐学では、生物の系統関係を推定するにあたって、進化プロセスに関する仮定をできるだけ少なくしようとします。プロセスに関する仮定は、導かれる結論（系統樹）を束縛するからです。もちろん、進化分類学派とは異なり、発展分岐学派は自然淘汰をも前提とはしませんでした。そのことが、発展分岐学は「反進化論的である」という後の反撃にもつながったことは事実です。もちろん、それが誤解にすぎないことも明白でした。

系統樹の数学

影響力の大きい未発表原稿がやっと公刊されたという意味で、この本は定番の「教科書」という評価を最初から受けていました。実際、出版後すぐに掲載された『ネイチャー』誌や『サイエンス』誌での書評はとても好意的でした。しかし、そのような背景事情は、ネルソンとプラトニックの「教科書」を丹念に読んでも、初学者に読み取れるはずがありません。

何よりも問題なのは、この本は内容的に不完全であり、書かれるべき説明が省かれたり、あるいは読者の理解を助ける情報が欠けている箇所がいくつもあるという点でした。要するに、通常の「教科書」とはちがって、彼らの本には〝教科書を学ぶ〟というあるべき第一歩が踏み出せないもどかしさが残りました。

しかし、その不完全さが私にとってむしろよい結果を生んだのは、皮肉なことでした。発展分岐学は生物進化という大前提を否定して、単に系統発生のパターン分析に堕しているという批判は、その出版直後から数年間続きました。確かに、著者であるネルソンやプラトニックはそういう立場を表明していました。その一方で、彼らの本は、五百ページを費やしてまで「反進化」を論じたわけではありません。それは、むしろ、「系統樹の科学」を体系化し、「系統樹という言語」を定式化したという意味で画期的な著作だったと言えます。

発展分岐学は確かに「系統樹の数学」を素描していました。一九七〇年代に回覧されたネルソンの未発表原稿は、後にロンドンの自然史博物館の知人を通じてそのコピーを入手できました。それを読むと、ネルソンが当時提唱した系統樹の構造に関する分析方法——「分岐成分分析 (cladistic component analysis)」と呼ばれた——が、図形言語としての系統樹を「分岐図 (cladogram)」という名前で新たに定義し直し、分岐図の満たすべきいくつかの数学的条件と性質を明らかにする目標を置いていたことは確かでした。

生物のみに限定せず、すべての系譜的構造を抽象化するという目標が、発展分岐学の根幹にあったことは、私にとっては新鮮な発見でした。分岐学・表形学・進化分類学の三つどもえの体系学論争が燃え上がっていた一九七〇年代に、ネルソンがそういう論争とは別次元の「系統樹の数学」をつくっていたことは、意外と言えば意外でした。この視点で読み直すことで、ネルソンとプラトニックの〝教科書で学ぶ〟ことができたわけです。

〝教科書を学ぶ〟ことは結局できなかったのに、〝教科書で学ぶ〟ことができたというのは皮肉なことです。しかし、それは不幸せではありませんでした。本書で示唆された「系統樹の数学」の構想が、一九八五年に東大農学部に提出した私自身の博士論文のメインテーマとなったのは、ネルソンとプラトニックの〝本で学んだ〟成果だったからです。

発展分岐学がどのような「系統樹の数学」をつくろうとしたのか、そしてそれが現在までどのような影響を及ぼしてきたのかについては、次の節で振り返ることにしましょう。

3　系統発生のモデル化に向けて

ウェットな系統樹からドライな系統樹へ

第3章では、「系統樹」というグラフ（あるいは図形言語）をなかば天下り式に定義して、それを用いて系譜構造についてのさまざまなパラメータ（たとえば樹形）をデータから推定するという問題設定をしました。

しかし、「系統樹」ということばから私たちが直感する図像学的イメージは、実はもっととらえどころのない想念です。たとえばエルンスト・ヘッケルが十九世紀に描いた生物界全体にわたる系統樹（Stammbaum）は、今の系統学の観点から見直すと、あまりにも生々しい「樹」のイメージを髣髴とさせます。大昔から人間がばくぜんと思い描いてきた「生命の樹」や「宇宙の樹」という神話的図像を、ヘッケルの系統樹に重ね合わせることは誰にでもできるでしょう。それはまた、私たちの潜在的な思考と嗜好に合致した、ウェットな系統樹であることはまちがいありません。

しかし、一九七〇年代以降、発展分岐学が目指してきた「系統樹の数学」は、そのようなウェットな系統樹を十分に〝乾かして〟、余分な樹皮や樹脂や枯れ枝を削ぎ落とした上で、できるだけドライな系統樹として一般化・抽象化するという方向に進んできました。

ある概念を一般化・抽象化することは、一方では、込みいったあいまいな対象を単純化してくっきり浮かび上がらせるというプラスの効果が期待できますが、他方では、具象の世界から多かれ少なかれ離れてしまうので、直感的なイメージ化が難しくなってしまうというマイナスの弊害が危惧されます。しかし、単純であることは文句なしに美徳ですので、ここではウェットな系統樹からドライな系統樹への移行が何をもたらすのかについて、少し考えてみましょう。

モデルとしての系統樹

現実世界は推論の出発点です。その世界に生成する現象を記述するためには、さまざまな説明や仮説がありえます。ここではそれらを「モデル」ということばで表現しましょう。現実世界の現象を記述するためには、これまで論じてきたように、さまざまな単純性（複雑性）をもった対立モデルを考えることができます。個々の形質の変化を説明するモデル（たとえば分子進化モデル）がありますが、系統発生を説明する系統樹それ自体もモデルとみなすことができます。

あるモデルには、それを構成する複数のパラメータが含まれています。観察されたデータに照らして、ある目的関数（すでに説明した最節約基準、あるいは最尤基準やベイズ事後確率基準など）のもとで最適モデルを選択し、さらにそのモデルのパラメータの最適値を決定することは、統計学やモデル選択論、そして本書の底流をなすアブダクション論ではもっとも重要な核心部分です。このような仮説（モデル）の発見的選択ができるためには、選択の対象となるモデル自身が明示的に示されている必要があります。あいまいなモデル（語義矛盾かもしれませんが）では話にならないのです。

系統樹がさまざまな系譜の構造を記述するモデルであるという認識は、分岐学を含む体

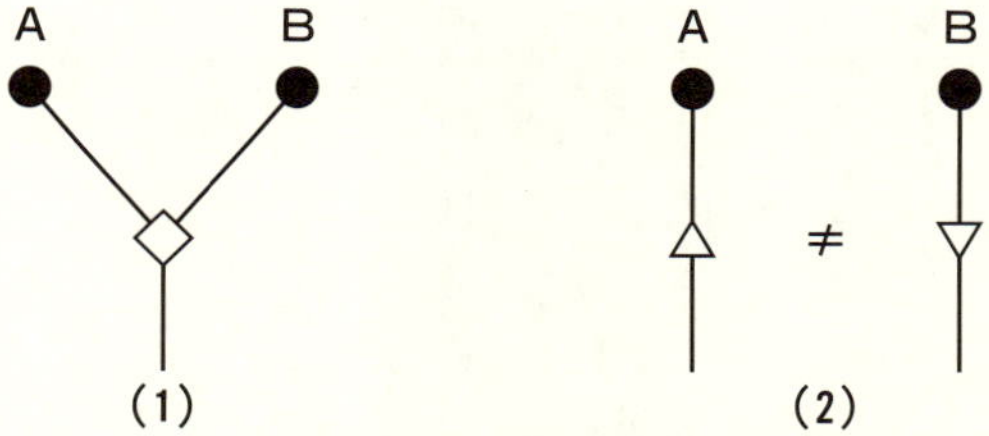

図4-1：共通要因説明（1）と個別要因説明（2）

系学の過去半世紀にわたる発展の中で広まりました。とりわけ、発展分岐学における「系統樹の数学」はその方向づけを確固たるものにしたと私は考えています。

ここで、モデルとしての系統樹という考え方を、簡単な例をとって説明しましょう。いま、ある大学の講義で課題レポートが出題されたとします。提出されたレポートを採点していた教員が、学生Aの答案と学生Bの答案が偶然ではありえないほど酷似していることに気づきました。「偶然ではありえない」という判断を下した時点で、実はこの教員は、対立するふたつの仮説（モデル）の間での相対的判断（アブダクション）をすでにしています（図4―1）。

互いに酷似した提出レポート（Aの●とBの●）を前にしたときに思いつく説明のひとつは「共通要因説明」と呼ばれます。これは、AとBのレポートが酷似しているという現象をある「共通要因（◇）」によって説明しようとします。この例で言えば、レポート同士がよく似ているのは、何らかの書き写しが起こったためであるという説明です。

一方、「個別要因説明」という別の説明も可能です。これは、単一の共通要因を仮定するのではなく、A、Bそれぞれのレポートは互いに何の関係もなく別個に書かれたものであり、それらがたまたま類似しているのは、別々の要因（△と▽）によるものであるという説明です。

レポートを書く際に生じるさまざまな現象（筆記ミスとか段落の取り方など）の確率的背景を考えるとやや複雑な論議になりますが、ここでは単純に、前章で説明した最節約基準の当てはめを考えてみましょう。

共通要因説明はレポート間に共有されるさまざまな特徴を単一の要因に帰することで説明しているのに対し、個別要因説明はそれらは別々の要因に帰せられるべきだと主張します。単純性に基づくアブダクションは、もちろん共通要因説明をベストの説明（モデル）とみなします。きわめて単純なレポート間の系統関係を認めたということです。

さて、第一段階のアブダクションによって、酷似するレポートに対する共通要因説明が採用されました。このとき、教員は「AとBの間には何らかの共通要因がある」と言っているにすぎません。しかし、たとえばこの大学の成績判定会議でそれが議題にされたとき、他の多くの教員は「では、AとBのどちらがもう一方のレポートを書き写したのか」

をきっと話題にするでしょう。この第二段階では、上の第一段階とは異なり、もっと詳細なモデル化が必要になります。すなわち、AとBのレポートに酷似性をもたらした共通要因に関する仮説としては、次の三つが考えられます（図4―2）。

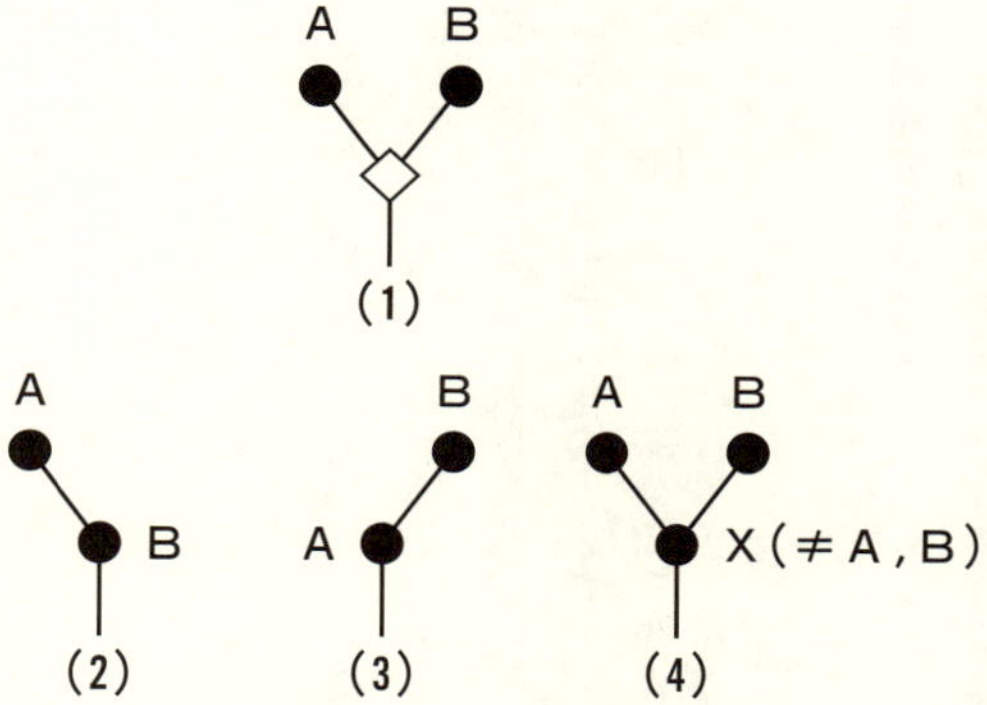

図4-2：採用された共通要因説明（1）とその下位モデル群（2～4）

仮定された共通要因が「何」であるかを指定するこれらの下位モデル群は、その共通要因がBであるか、Aであるか、それともA、Bのいずれでもない第三のXであるかのちがいです。

この例で言えば、それぞれ「AはBのレポートを書き写した」、「BはAのレポートを書き写した」、それとも「AとBは別人Xのレポートを書き写した」という説明になります。これらの下位モデルは、いずれも「共通要因を仮定する」という点では共通していますが、その要因が何であるのかが異なっています。下位モデルの間でアブダクションを行い、ベストの説明を選択するためには、提出レポートのさらなる分析とともに、嫌疑のかかった当事者学生の審問などの新たなデータ収集も必要になるでしょう。

この仮想事例は、ふたつのことを私たちに教えてくれます。
(1) ある問題を解決するためには、適切なモデル化が必要であること。レポート間の酷似が共通要因によるものか否かという問題と、ある共通要因が何に由来するのかという問題では、考えなければならない対立モデルの集合が異なります。
(2) あるモデル化のもとでのアブダクションには、適切なデータが必要であること。上の第一段階とそれに続く第二段階では、モデル集合からの選択に必要なデータはおのずと異なります。

系統推定のゆくえ

ある現象をモデル化する作業は、解くべき問題と可能な解の集合を決めながら進めなければなりません。系統推定の場合もそれと同じことがいえます。

発展分岐学が与えたもっとも大きな影響のひとつは、生物体系学が従来きちんと定義してこなかった系統樹のグラフ的特性を明示化したという点です。ガレス・ネルソンは系統樹のもつ情報と構造を分析し、ある子孫生物が仮想祖先を共有するという関係（「姉妹群関係」）と子孫がどの祖先から由来したかの関係（「祖先子孫関係」）とは別の概念であると主張し、前者を図示化したものを「分岐図（cladogram）」、後者の図示化を「系統樹（phyletic tree）」と区別しました。先に挙げた例に対応させると図4―3のようになります。

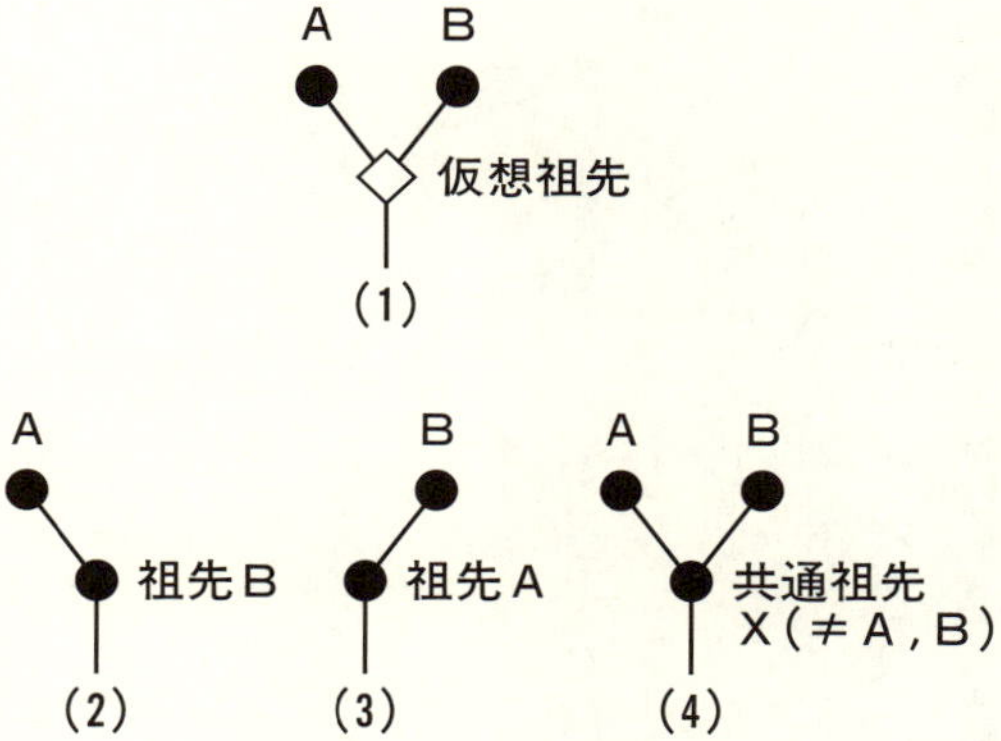

図4−3：分岐図（1）と系統樹（2〜4）

分岐図と系統樹では、系統発生上の解くべき問題のレベルそれ自体が異なるだけでなく、それぞれを解決するデータそのものも異なることがわかります。

一九七〇年代以降の体系学論争の中で、議論の軸足が生物の「分類」からしだいに「系統」に移行し、「分類なんかどうだっていいじゃない」（J.Felsenstein 2004）という系統学的思潮が主流になるとともに、系統推定のためのさまざまな理論と方法が提唱されるようになってきました。

前章で説明した最節約法は、分岐学の理論と同一です。それ以外にも、DNAの塩基配列やタンパク質のアミノ酸配列は、確率論的な分子進化モデルを用いて分子系統樹を推定することができます。一九九〇年代以降、この分野で爆発的に研究が進んでいます。とくに、進化過程の確率モデルを踏まえた最尤法やベイズ法など、最先端の系統推定法が用いられるようになり、従来は解明できなかった生物の系統関係についての新たな考察ができるようになりました。

今までだったら、たとえば、顕微鏡レベルの大きさしかない細菌と日常的に目にするサイズの動植物とを、「かたち」に関して比較することはほとんど不可能でした。対応する形態的特徴が両者でまったく共有されていないので、比べようがなかったのです。しかし、形態的には比較不能な生物どうしであっても、光合成反応や酸素呼吸反応といった生きる上で不可欠な代謝はきっと共有されているでしょう。そして、それらの代謝の化学反応をつかさどる酵素タンパク質の遺伝子のDNA塩基配列を相互に比較すれば、系統的な類縁関係がみごとに推論でき、系統樹を描くことができるわけです。

このような研究史の中で、いま一度、モデルとしての系統樹について再考するとき、現在の系統推定の主たるターゲットになっているのは、ネルソンの定義する姉妹群関係を表現する分岐図であって、必ずしも祖先子孫関係を表現する系統樹ではないことにあらためて気づかされます。

系統発生はそれ自身とても複雑な自然現象であり、単純なモデル化はしょせん粗い近似にしかすぎません。

しかし、単純化することによってはじめて私たちに理解可能なこともあるのだというのは、これからも真理であり続けると私は考えます。現在の系統推定論のターゲットをいかにモデル化するか、そしてどのようなデータがあれば対立モデル間のアブダクションが可能かは、刻々と状況が変わっています。そう、系統を推定するという作業は、日々更新されるデータと新たな手法との照らし合いのもとに進歩し続けているのです。

4　高次系統樹——ネットワーク・ジャングル・スーパーツリー

ツリーは表現力に乏しい?

リヒアルト・ワーグナーの楽劇『ニーベルンクの指輪』の第一夜〈ワルキューレ〉では、大王ヴォータンのいるヴァルハラ神殿から飛び立った女闘士《ワルキューレ》たちは、地上の戦場で斃《たお》れた者たちを連れ帰る役を担っています。古代のゲルマン神話では、天上のヴァルハラ神殿は、巨大な「世界樹」の上に聳《そび》え立つとされていて、世界各地に見られる創世譚のひとつの典型とみなされています。チベット密教の曼荼羅も同様に、この世界をかたち造った「宇宙樹」の上に展開される絵図です。

世界中の宗教的理念の総合的体系化をめざした十九世紀の宗教学者J・G・R・フォーロングは、一八八三年にロンドンで予約出版された二巻からなる稀覯書《きこうしょ》『生命の潮流:全世界の人類に見られる信念の根源と系譜』の中で、原初的な宗教・神話の源泉となる五つのルーツを挙げています。その筆頭を飾るのがほかならない「樹木崇拝」であり、そのあとに「蛇(男根)崇拝」、「火焔《かえん》崇拝」、「太陽崇拝」、そして「祖先崇拝」が続きます。

おそらく、「樹」には、私たちの心の奥底に訴えかける根源的なインパクトがあるのでしょう。そして、「ツリー」を目にして心情的に動かされるものがあるとしたら、それは樹木に対して潜在的に抱いてしまう畏敬の念が背後にあるのかもしれません。

フォーロングの大著には、別添の付録として、縦二三〇×横七〇センチというとてつもなく巨大な布製の掛け図が付けられています。それは、太古の時代から現代にいたるまでの宗教的信念の系譜を一枚の絵図として描いた稀有《けう》な作品です。先に挙げた五つのルーツを祖先的信念として、現在までの諸宗教の系譜をたどるとき、まず気がつくのは、宗教的信念の系譜は互いに分離しては融合することを繰り返してきたという事実です。宗教的な

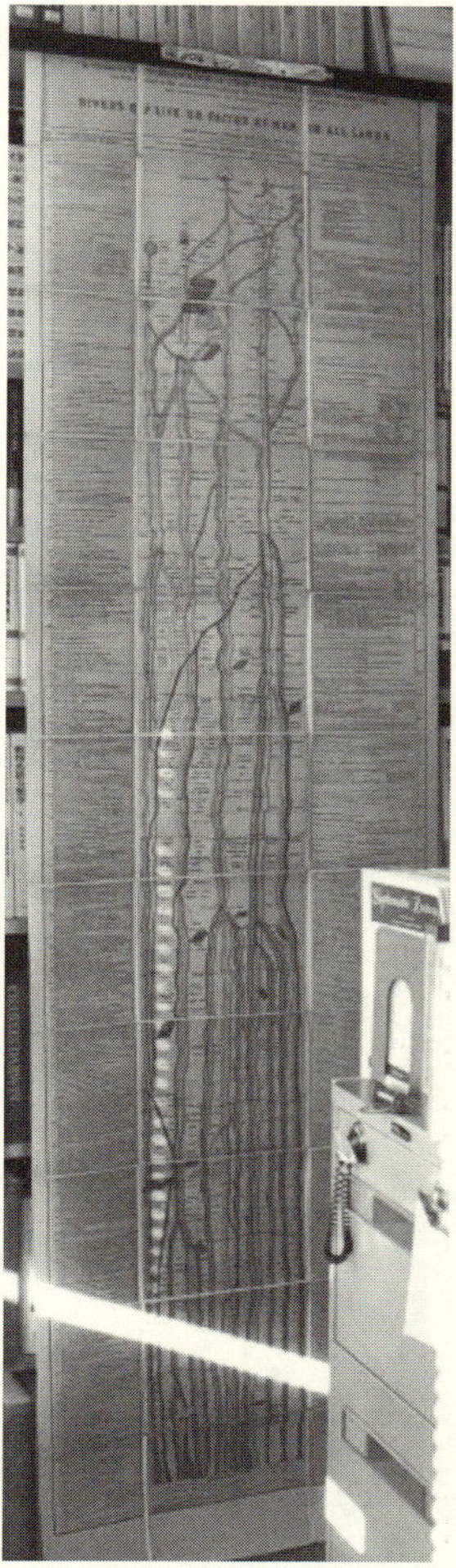

生命の潮流：フォーロングによる巨大な宗教系譜ネットワーク
(私の研究室にて撮影)

意味での対立や融和は、私たち人間の文化にとって珍しくないことだったにちがいありません。

フォーロング自身は、このような連綿と続く宗教的信念の系譜を、あえて「潮流(streams)」と名付けました。いったん分かれた枝がふたたび合流する過程は、数学や系統学のことばでは「ネットワーク」と呼ばれるグラフによって記述できます。フォーロングの宗教系統図は、まぎれもない系統ネットワークの歴史的な先例といえるでしょう。さらに、これまで私が用いてきた「ツリー」ということばは、枝分かれは許すものの、枝の再融合は認めない特別なネットワークであるとみなすことができます。つまり系統樹(系統ツリー)は、系統ネットワークの特別な場合であるという解釈が可能になります。ネットワークに比べて、ツリーは制約のより厳しい、それゆえ「表現力」のより乏しい図形言語であるわけです。

ツリー崇拝の信念の系譜が、ネットワークでしか表現できない——フォーロングの図が物語るこの皮肉な結論は、本書でこれまで論じてきた系統推定を、さらなる次の段階に進めるときのハードルでもあります。

前節で書いたように、ツリーはある現象を記述するために私たちが仮定するモデルです。最節約法にしろ、あるいは他の系統推定法にしろ、いったん最適化基準が選ばれたら、与えられたモデルのもとでパラメータを最適化して、対立仮説間のアブダクションを行うことができます。

しかし、ここで問題になるのは、そもそもツリーという階層構造が、ある現象を記述する上で妥当なのかどうかという点です。これは、仮定すればいいということではなく、むしろターゲットとする現象と対話することにより、経験的に決めなければならないことでしょう。ツリーでも十分に記述できる現象もあるが、場合によってはネットワークを仮定しなければ解明できない現象もあるという単純な事実です。

ツリーか、ネットワークか

一九九〇年代に、〈棒の手紙〉という社会現象が流行したことがありました。同時代にやはり流行《はや》った〈不幸の手紙〉ならば、ご存知の読者もきっと多いでしょうが、〈棒の手紙〉はその変種です。〈棒の手紙〉については、山本弘氏による分析結果がすでにインターネットで公開されているので（http://homepage3.nifty.com/hirorin/bonotegami.htm）、この例をまずはじめに取り上げましょう。

〈棒の手紙〉の意図するところは、〈不幸の手紙〉とまったく同じで、同じ文面の手紙文の複数のコピーを強制的にばらまかせることにあります。一読すればわかるように、「不

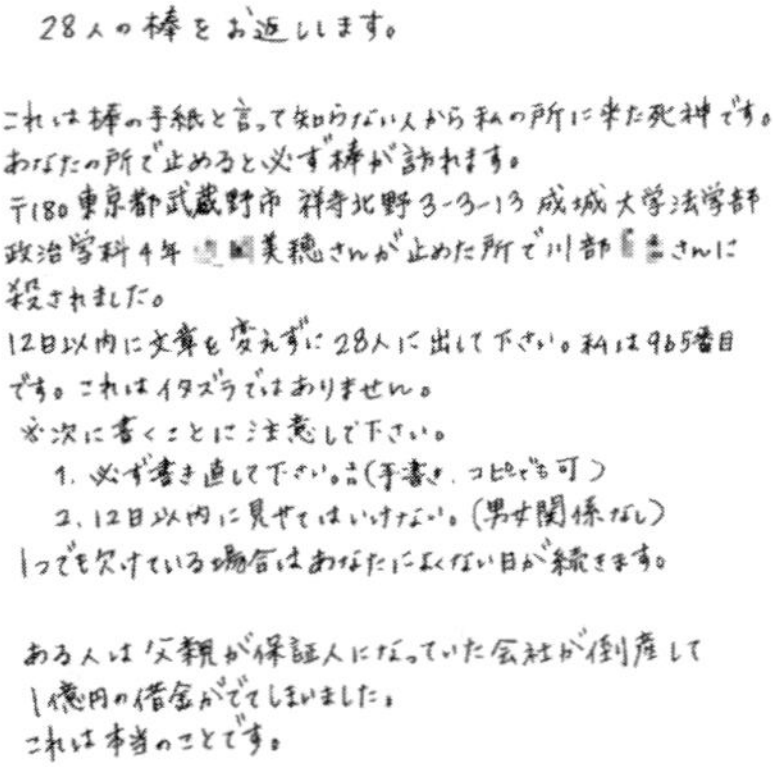
28人の棒をお返しします。

これは棒の手紙と言って知らない人から私の所に来た死神です。
あなたの所で止めると必ず棒が訪れます。
〒180 東京都武蔵野市 祥寺北野3-3-13 成城大学法学部
政治学科4年 [redacted]美穂さんが止めた所で川部[redacted]さんに
殺されました。
12日以内に文章を変えずに28人に出して下さい。私は965番目
です。これはイタズラではありません。
※次に書くことに注意して下さい。
1. 必ず書き直して下さい。（手書き、コピーでも可）
2. 12日以内に見せてはいけない。（男女関係なし）
1つでも欠けている場合はあなたによくない日が続きます。

ある人は父親が保証人になっていた会社が倒産して
1億円の借金がでてしまいました。
これは本当のことです。

〈棒の手紙〉の例（http://homepage3.nifty.com/hirorin/bonotegami.htmより転載）

幸の手紙」と書くべき箇所を「棒の手紙」と記しているところに共通の特徴があります。

手書きの書面としてばらまかれた、これらの〈棒の手紙〉を分析した上記サイトでは、〈棒の手紙〉には〝祖先〟がいたことをつきとめ、その書き手が誤って（あるいは字がへただったので）「不幸」を「棒」と書いたのが始まりだろうと推測しています。〈不幸の手紙〉系の社会現象では、「文字どおりに書き取るべし」という中世の聖書写字生とまったく同様の心理的なプレッシャーのもとに置かれるため（そうしないと「不幸（棒）」が訪れるから）、たとえ「棒の手紙」という表現が不審に思われたとしても、そのまま書き取って子孫手紙を周囲にばらまくことになったのでしょう。

「棒の手紙」という表記は、最節約法の観点からいえば、これらの手紙群を単系統群としてまとめる共有派生形質であり、先ほどのサイトで公開されている〈棒の手紙〉の系統樹

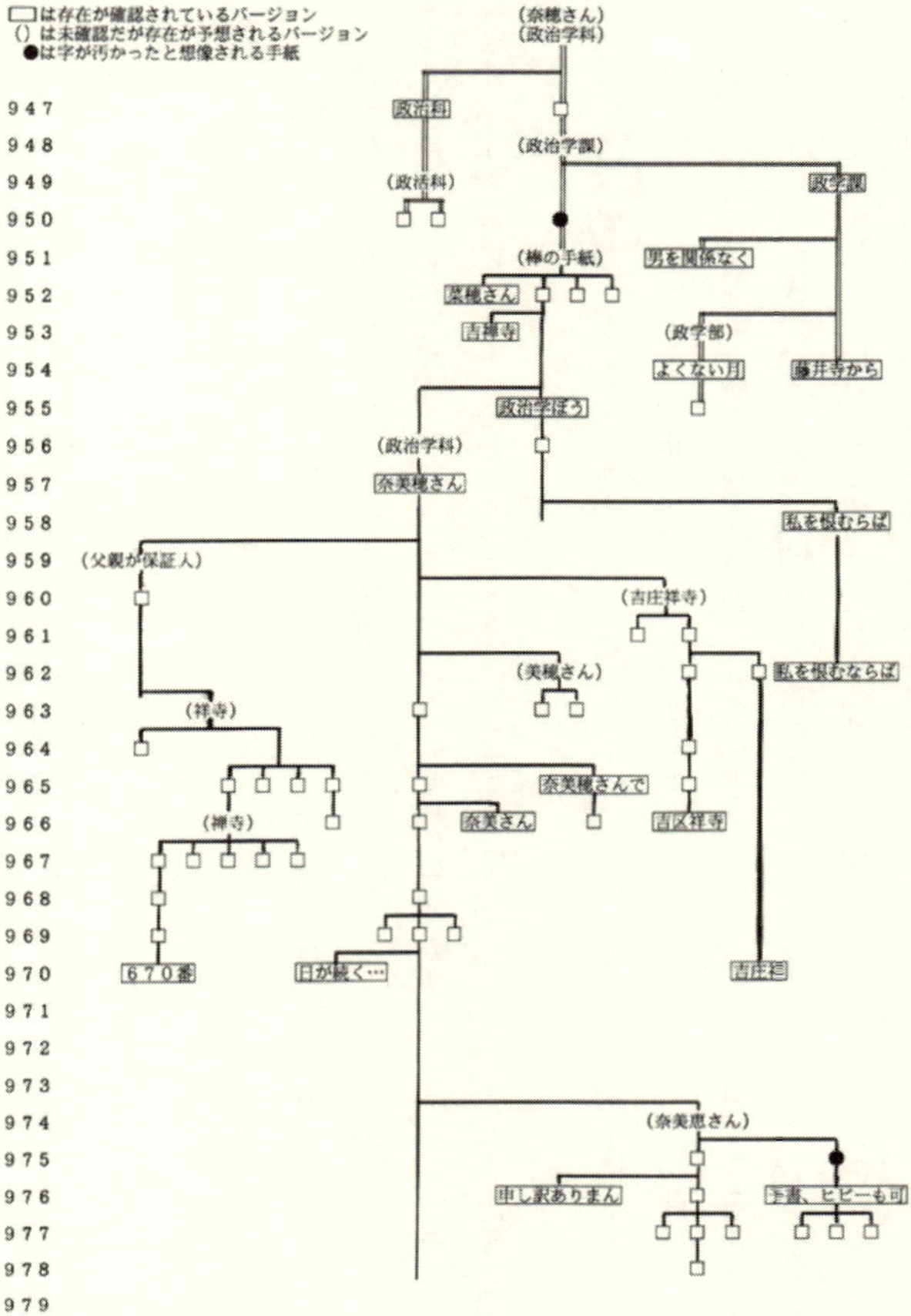

〈棒の手紙〉の系統樹 (http://homepage3.nifty.com/hirorin/bɔnotegami.htm参照。山本弘氏の原図を使わせていただいたことを感謝します)

は、最節約系統樹とみなしてまちがいないと私は考えます。

さて、この系統樹は見てのとおりみごとなツリー構造を示しています。〈棒の手紙〉のこの事例について言えば、モデルとしてのツリーは問題なく機能しているとみなせるでしょう。というのも、〈棒の手紙〉は、棒にして、じゃなかった、不幸にしてそれを受け取った人が独り閉じこもって子孫手紙を書くのがふつうでしょうから、他人が受け取った同様の手紙を参考にして書くというような、系譜の融合は原理的にありえないだろうからです。いったん分岐した系譜の枝が再び融合することがまったくない、あるいはあったとしてもそれはごくまれな場合にかぎられるという証拠や知見があるならば、モデルとしてのツリーは十分に使いまわすことができます。わざわざネットワークをもちだす必要はないわけです。

一方、文章を書き写すというまったく同じケースであっても、系譜を描くために、ツリーではなくネットワークが求められる場合があります。たとえば、芥川龍之介の代表作『羅生門』のさまざまな版から推定された諸版の間の系図（ステマ）は、からみあった網状ネットワークを形成しています。同様に、哲学者ルートヴィヒ・ヴィトゲンシュタインが生前に残した大量の元原稿がどのように編纂され、活字化されていったのかを示す系譜もまた、複雑きわまりないネットワークになります。

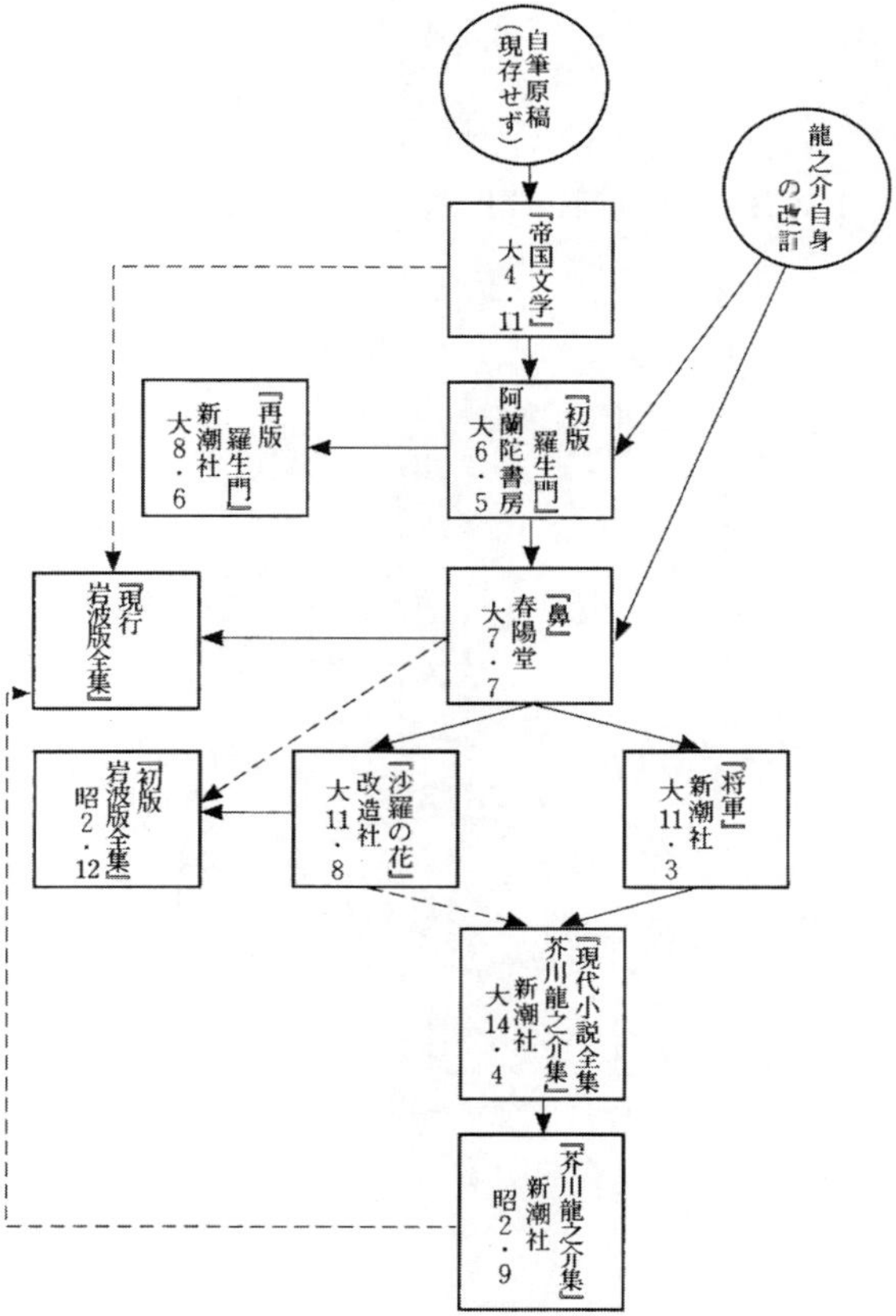

芥川龍之介『羅生門』諸版の系図（山下浩『本文の生態学』1993より改変）

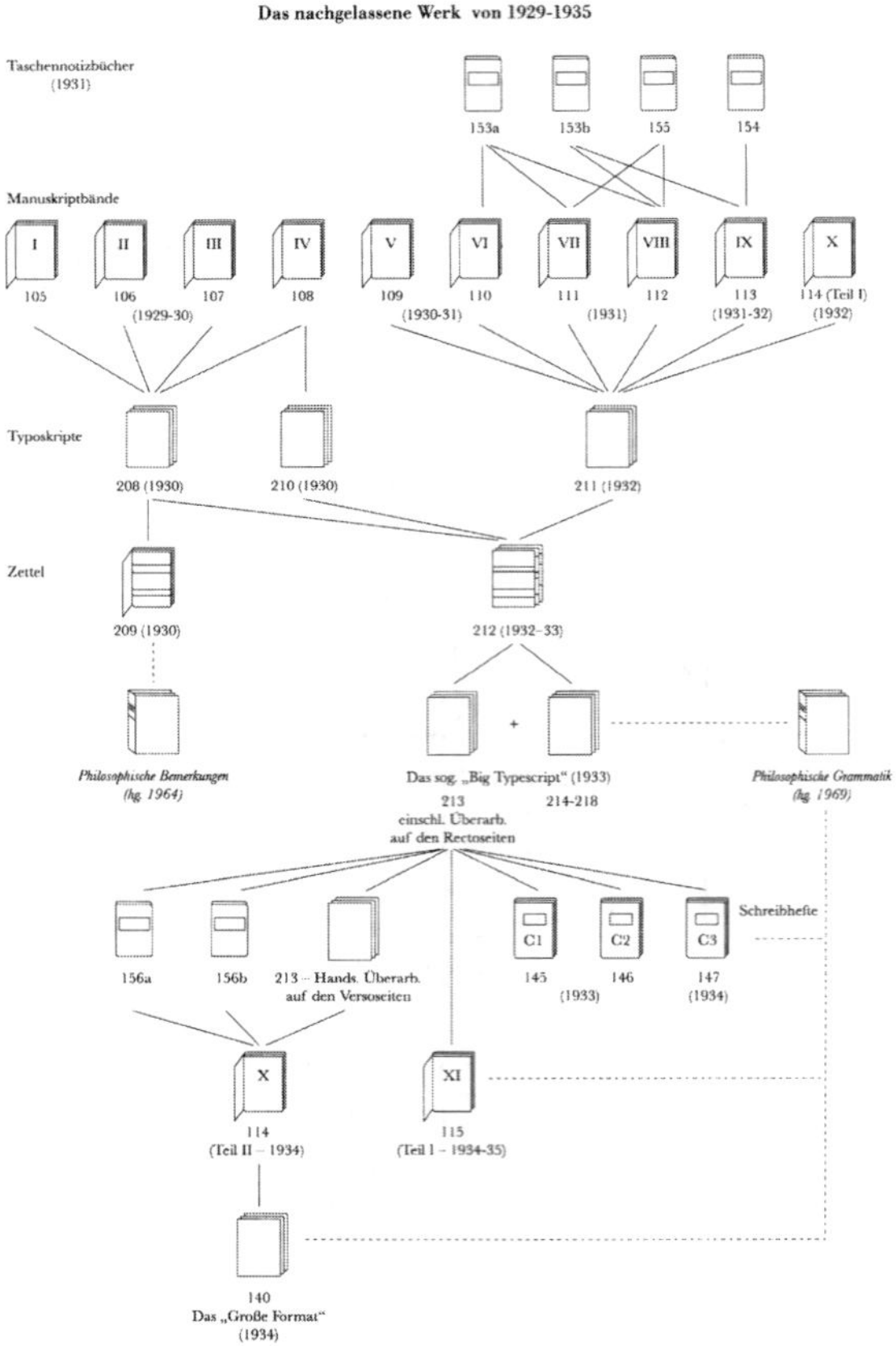

ルートヴィヒ・ヴィトゲンシュタインが書いた原稿の系譜 (M. Nedo〔eds.〕『Ludwig Wittgenstein Wiener Ausgabe: Einführung』1993, Springer-Verlag)

一般に、写本や原稿の系図を推定する際には、写字生や編纂者が複数の元本（祖本）を見ながら書き写したり編集した可能性を考慮する必要があります。このとき、それぞれの祖本の特徴（形質）が子孫写本（異本）に伝承されることになるので、系図を描くときには異なる祖先に発する複数の枝を融合させなければならないでしょう。これは系統ネットワークにほかなりません。

写本系図学は、生物系統学よりも古い歴史をもつ学問分野ですが、近年、新約聖書や『カンタベリー物語』などの著名な写本群の系譜が、本書で説明してきたような最新の系統推定法を用いて再検討されはじめました。その際、分岐状のツリーではなく、網状のネットワークをモデルとして系統関係を推定するという点に特徴があります。現象をモデル化するときに、ツリーを仮定するか、それともネットワークを前提とするかは、場合によって使い分ける必要があるでしょう。

ネットワーク推定の難しさ

生物系統のネットワークを推定するコンピュータ・プログラムは、近年いくつか公表されています。たとえば、植物の場合、上述の写本系図と同様に、遠縁の植物間でも雑種をつくってしまうようなことがあり、そのとき複数の祖先からの系譜の融合が生じます。あるいは動物でも、地域個体群の系譜を研究する際には、いったん地理的に分化した集団が、再び融合する事例は少なくありません。これらは実際に生じ得る融合現象ですから、モデルとしての近似の程度を改良するためには、ツリーではなく、ネットワークのほうがきっと望ましいでしょう。

考えようによっては、融合をまったく認めないツリーではなく、もっと制約の緩いネットワークを最初から用いれば何の問題もないのではないかという意見もあるでしょう。確かに、理想を言えば、ごく一般的な系統ネットワークをモデルの出発点として、それに含まれるパラメータを推定するのが望ましいかもしれません。しかし、そのためには、ネットワーク推定にともなういくつかの実践的問題が解決されなければなりません。

第一に、最適ネットワークを推定するという問題は、単純に計算問題とみなしたとしても、これまで論じてきた最適ツリーよりもはるかに複雑な最適化問題であるという点です。たとえば、A、B、Cの3点に関する系統樹を考えたとき、図4―4のツリー（1〜3）に示される系統関係が可能です。この三つのツリーのもつ構造（分岐点の情報）をすべて持ち合わせるネットワークは（4）のように図示することができます（このグラフは三次元のブール束と呼ばれます）。逆に言えば、ネットワーク（4）の枝を適宜切り落とすことにより、ツリー（1〜3）が得られます。

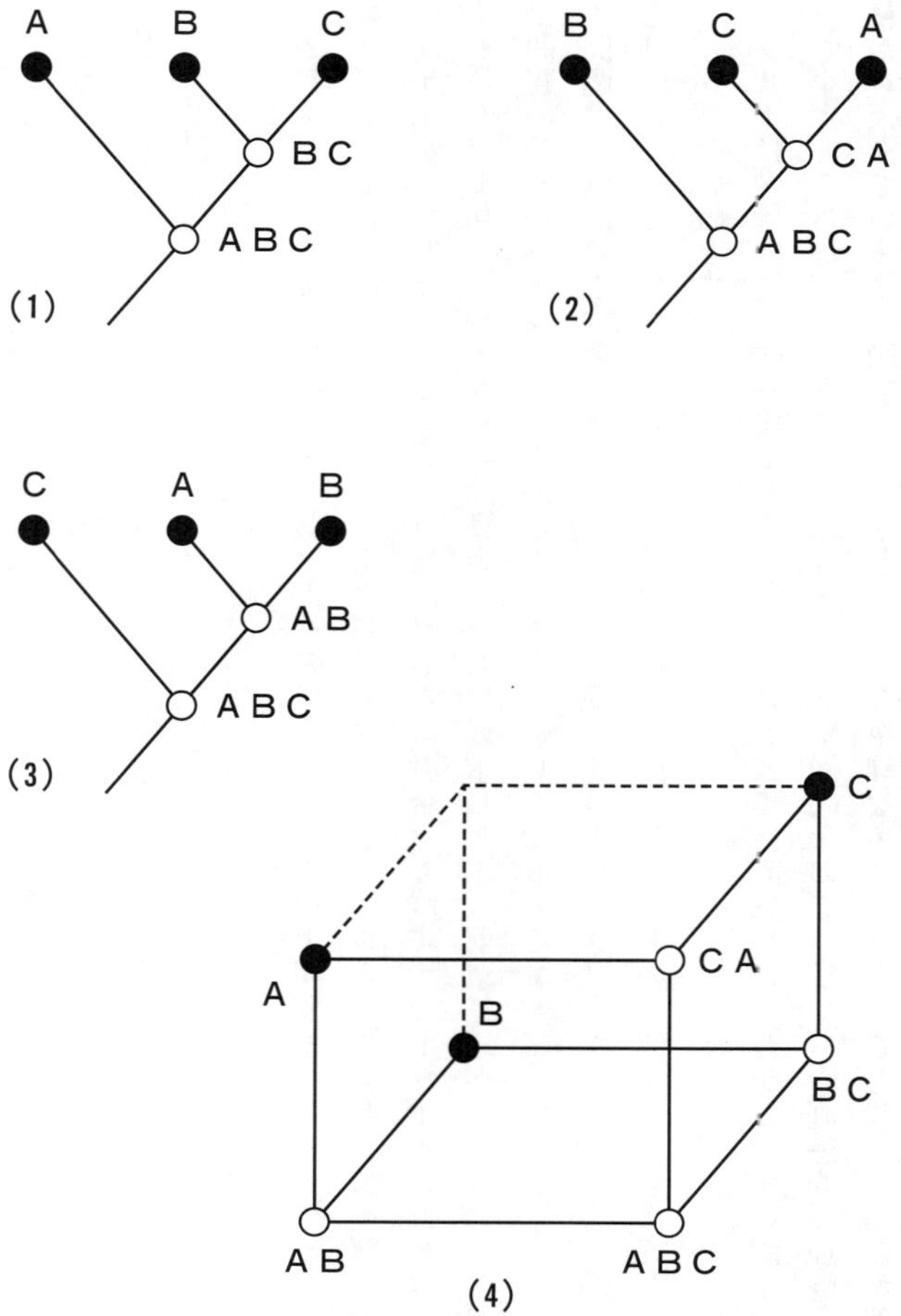

図4-4：ツリー（1〜3）と包括的ネットワーク（4）

このように、端点数が$n=3$の場合、ツリーでは枝の総数は$2n-1=5$本だけですが、ネットワークになると9本もあります〔端点数n（$n \geqq 2$）に対するネットワーク（ブール束）の枝の数$b(n)$は、$b(n)=2\times\{b(n-1)+n-1\}+2^{n-1}-n$ と再帰的に表されます。ここで $b(1)=0$ とすると、この関係式から、$b(2)=2\times\{b(1)+1\}+2^{1}-2=2$, $b(3)=2\times\{b(2)+2\}+2^{2}-3=9$ と計算できます〕。

グラフとしての複雑さは、ネットワークのほうがツリーを上回ります。ましてや、端点数nが増えていったとき、ネットワークでは、ツリーよりもさらに爆発的に最適解の探索空間が広がってしまうでしょう。分岐だけでなく融合をも許すネットワークの推定は、ツリーの推定よりももっと多くの計算を私たちに要求します。前章で述べたように、NP完全問題の縛りが、ネットワーク推定ではさらに厳しくなるのです。

問題はそれだけではありません。第二に、系統ネットワークは、たとえ首尾よく最適解を見つけることができたとしても、その錯綜した構造が私たちの理解能力を超えてしまうかもしれないのです。

ツリーは階層構造を図示するため、私たちにとっては直感的にもわかりやすい図示の方法です。ところが、ネットワークはもともと非階層的なので、私たちの直感的な理解を最初から拒んでいます。図4―4に示したような単純なネットワークであれば、何とか理解することは可能でしょう。しかし、もっと多くの端点を含む高次元のネットワークの場合、よほどうまく図示化したり要約したりしないかぎり、ネットワークそのものを丸呑みして消化できるほど、私たちの知的胃袋は頑丈ではないのです。

しかし、このような未解決の問題は残されているものの、ネットワークが系統推定の分析ツールとしてようやく使えるようになってきたことはまぎれもない事実です。

共進化の問題を系統ジャングルで解く

ツリーのひとつの延長線の上に「ネットワーク」があるとすると、別方向の延長線上には「ジャングル」が見えてきます。系統ジャングルとはものものしい表現ですが、生物進化の世界ではきわめて興味深いいくつかの現象に関係して生じてきます。

たとえば、私たち人間の体表や体内には、どんなに清潔を心がけたとしても、さまざまな寄生者や共生者がともに住んでいます（多くは何の悪さもしません）。私たちはそれらの生きものにとっての宿主であるわけです。

いま、宿主と寄生者の群の系統関係をそれぞれ推定したとき、宿主ツリーと寄生者ツリーとの対応関係を考察して、寄生者がどのようにしていまの宿主にたどり着いたのかという「共進化」の問題は、現在の進化生物学ではたいへんホットな話題になっています。ある場合には、どこか別のところからふらりとやってきて住み着いてしまったという可能性もあるでしょう。しかし、もともと宿主の中に住み続けていて、宿主が進化するとともに寄生者も進化したという可能性もあります。多くの寄生者は単独生活がすでにできないので、後者の可能性は無視できません。

多くの研究者が、宿主の系統関係と寄生者の系統関係を比較することによって、この共進化の問題を解決できないかと考えてきました。いま、ある宿主となる生物たち（A、B、C）に寄生する寄生者たち（1、2、3）を考えましょう（図4—5）。

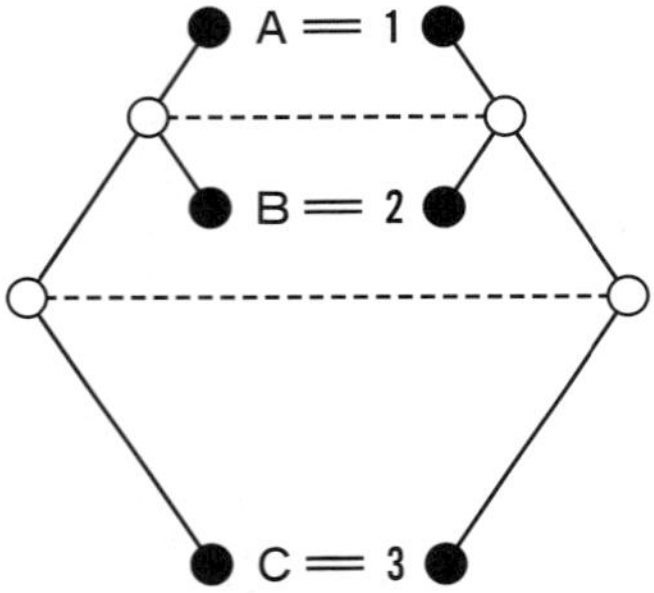

図4-5：宿主（左）と寄生者（右）の系統ジャングル（1）

この例では、宿主ツリーと寄生者ツリーは完全に同形です。互いに近縁なAとBには、やはり互いに近縁な寄生者1と2が生息しています。このような同形のツリーの対応があるとき、寄生者は宿主の系統発生とともに、自らも分岐して進化したのではないかという仮説（「共種分化」と呼ばれます）が支持されるでしょう（もちろん、正確には、ツリーの分岐のタイミングを調べることで、分岐時期そのものが同期しているという確認が必要です)。

系統ジャングルとは、このように宿主と寄生者の系統樹を対応づけることにより、進化過程(ここでは共進化の過程)を推論するための高次のツリーです。図4—5の例では、宿主と寄生者の二つのツリーの間で対応関係をつけることで、系統ジャングルをつくることができます。しかし、場合によっては、系統ジャングルがもっと複雑になることもあります。たとえば、図4—6のような場合を考えましょう。

このケースでは、宿主ツリーと寄生者ツリーとは形が一致していません。図4—5のように、共種分化を仮定することによってきれいに説明できそうにはありません。このような場合、寄生者が、系統関係とは無関係にどこからかやってきて住み着いたという説明は、もちろん可能です。しかし、そのようなプロセス(宿主交換とか水平伝搬と呼ばれます)以外にも、このような対応関係(の欠如)を説明する系統ジャングルを考えることができます(図4—7)。

寄生者は、宿主の系統の中でいったん重複的に種

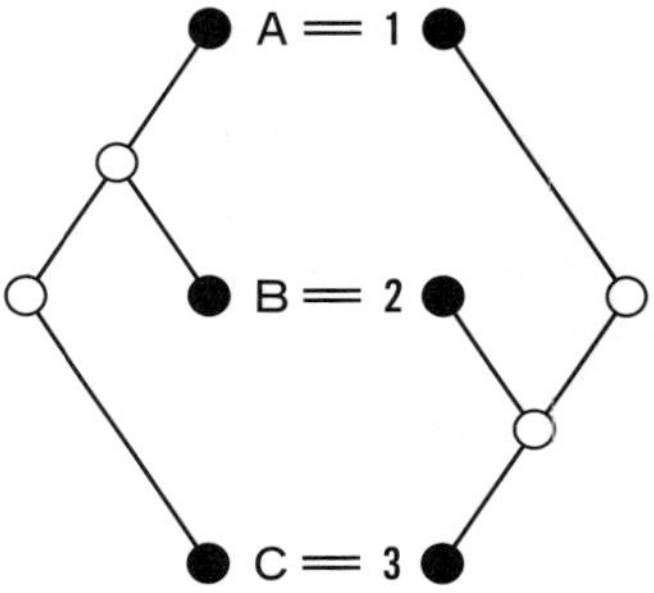

図4-6:宿主(左)**と寄生者**(右)**の系統ジャングル(2)**

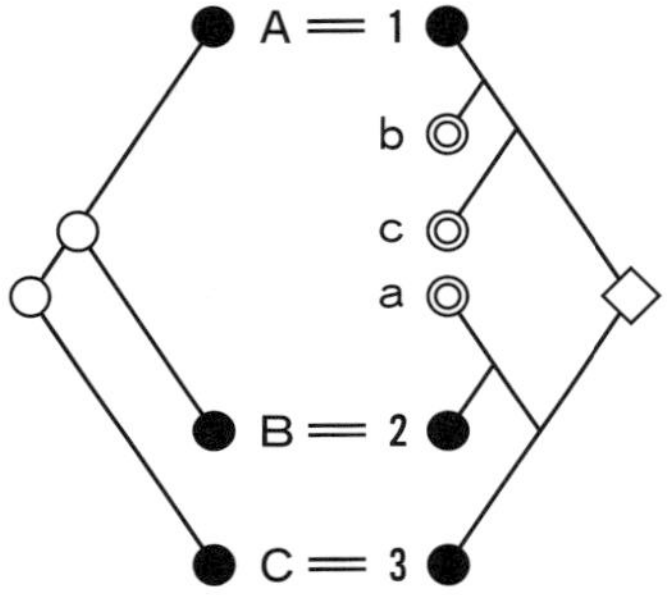

図4-7：図4-6を説明する
系統ジャングル

分化すると仮定します（◇）。その後の共進化の過程で、宿主がA、B、Cへと種分化したとき、寄生者もまた同期して共種分化し、結果として1、2、3とともに、A、B、Cに寄生する子孫寄生者a、b、cが生じました。ところが、a、b、cが何らかの理由で絶滅したために、残された子孫1、2、3が宿主の系統関係と整合的でなくなってしまった――このような説明をつくることができるでしょう。

確かに、説明としての単純性という点では、寄生者がふらりとやってきたという説明のほうが勝っているように見えます。しかし、「ふらりとやってくる」ことが生物学的に困難であるときには、系統ジャングルを構築しながら、妥当な高次系統仮説をアブダクションする道をたどるしかないでしょう。

系統スーパーツリーへ、さらにその先へ

系統ジャングルは、ひとつの重要な問題群が広がっていることを、私たちに示唆しています。系統樹を描くだけが系統推定の取り組むべき問題ではないということです。この例

で言えば、宿主と寄生者はさらに祖先をさかのぼっていけば、いずれは単一の共通祖先にたどりつくでしょう。

つまり、地球上に存在するひとつの「生命の樹」(the Tree of Life) の別々のパーツを構成する二つの枝だということです。系統ジャングルとは、生命の樹の上では遠く隔たったふたつの生物群が、何らかの進化上の偶然によって互いにからみつきながら共進化してきた、その過程を復元するためのアプローチといえます。

系統ジャングルの方法は、共進化の問題を解決するためだけに使えるわけではありません。たとえば、ある生物の集団の中で異なる遺伝子の系譜がどのように存続してきたのかという遺伝子系図学の問題、あるいはある地域に同所的に生息する異なる生物群がその地域の上でどのように時空的に進化してきたのかという歴史生物地理学の問題など、高次の系統関係の推論を必要とする場面は、少なくとも進化学ではめずらしくありません。

系統ジャングルは、すでに求められた個別生物群に関する系統樹を踏まえて、高次の推論をするためのツールです。それとよく似た状況が近年表面化してきました。それは「系統スーパーツリー」を推定する問題です。

一九九〇年代に入って、個別の生物群に関する系統推定を統合することにより、究極の「生命の樹」そのものの全体像を描こうという気運が高まりつつあります。しかし、現時点では、動植物、菌類・細菌類、原生動物を含む、すべての生物に共通する遺伝子や形態を見つけることは困難です。実際には、生物群ごとに異なる形質セットを用いて系統関係を推定しているのが実情です。このとき、異なるデータから推定されたツリーを組み合わせて、より大きな系統樹（「スーパーツリー」）を推定することができないかという問題に取り組む研究者が現れてきました。これもまた、系統ジャングルと同様に、ベースになる系統樹に基づく高次系統関係の推論といえるでしょう。

さらに進めば、系統ジャングルや系統スーパーツリーの「ネットワーク版」、すなわち系統スーパージャングルとか系統スーパーネットワークと呼べるものを提案することも、近未来的には不可能ではないでしょう。現実の錯綜した進化現象を解析するためのモデルとして、あるいはそれを組み込んだツールとして、これらの方法は将来有望です。

> われわれは思議を超えたもの（不思議）の中から現われ、同じく思議を超えたもの（不思議）のうちに没する。その中間の過程にあって、われわれが生きるための手段となるものが思議なのである。
>
> （中村元『論理の構造』上巻、二〇〇〇年、p.147）

エピローグ　万物は系統のもとに——クオ・ヴァディス?

名を秘す王子：「私の名前は誰も知らないであろう」
女奴隷リュウ：「あの方のお名前は私だけが知っております。その秘密を私の胸に秘めておくのはこの上もない喜びです」
群集　　　　：「言え、言え！　名前を、名前を！」

（ジャコモ・プッチーニ、歌劇〈トゥーランドット〉第3幕第1場）

1　系統樹の木の下で——消えるものと残るもの

長旅、お疲れさまでした。系統樹をめぐる果てしない物語には、結末はありません。狭い生物学の垣根を越えて、はるばる遠くまでやってきた系統樹を探す旅は、実は自分探しの道のりでもありました。

なぜ、私たちは祖先とのつながりに深い関心をもち、身の回りのものの系譜や系図に惹かれるオブセッションというしかない感情を抱くのでしょう。もともとは人間どうしの血縁関係の近さが進化学的に重要な意味をもったからだ、という遠因を想定して、進化心理学的な説明をすることはきっと可能でしょう。しかし、単なる人間や他の動植物だけでなく、ことばや書物、果ては文化や民俗まで「系統樹的に解釈」しようとする私たちの性向はいったい何に由来するのか、考えるほどに興味は尽きません。私たちは、ごく深いところで、系統樹が好きにちがいないのです。

イスラムの伝統社会には、親族の家系図を記述するきわめて豊富なボキャブラリーが備わっていたことが知られています。個人をむすびつける血のつながりが、社会的にも文化的にも不可欠であればこそ、系図を微にいり細にいり描きだすためのことばが求められてきたのでしょう。系統樹を描くそれらの用語法が、系統樹を読み解くことすなわち「系統樹リテラシー」の社会の中への浸透を可能にしたことは意味深長です。さまざまな分野で系統樹（あるいはネットワーク）が用いられるようになった今の時代に必要な資質は、系統樹を読み解くリテラシーでしょう。

これまでの章では、いろいろな分野に散在する「系統樹百態」を渉猟することにより、私たちの身の回りに系統樹がどれほど広く深く根を張っているかを見てきました。エピローグでは、最後の締めくくりとして、さまざまな姿をもって現れる系統樹が共通して指し示すものが何であるのかを考えてみることにしましょう。

さまざまな分野でいま用いられつつある「系統樹」は、意識するしないに関わりなく、周りの世界に対する「ものの見方」そのものにも影響します。単に「系統樹を見る」という受け身の考え方ではなく、「系統樹で見る」という積極的な切り込み方に、私たちのものの見方が移行しつつあるということです。

しかし、系統樹思考だけですむと考えてしまうのは、きっと早計でしょう。私たちは生きものとしての人間であり、私たちのからだはもちろんのこと、行動や心理、さらには文化や社会にいたるまで、どこか深いところでは〝生物的なるもの〟と結びついていて、最終的には私たちヒトがたどってきた進化史そのものにたどりつくでしょう。私たちが日常的に慣れ親しんでいる原初的な世界観や自然観もまた、人間進化の産物であるということです。

思考法としての系統樹もまた、他の対立する思考法と競り合うことがあります。第2章では、「系統樹思考」と「分類思考」という互いに対置することばを使いました。自然界やこの世の中には離散的な群、すなわち互いにばらばらに存在する群が実在するのだという分類思考は、私たちが生まれながらにもっている認知カテゴリー化の性向の反映であると考えられています。進化心理学でいう「博物学的モジュール」とは、生物や無生物に関するカテゴリー化の心的能力を指しています。分類思考こそ、私たちにとってまさに「生まれながら」の世界観にふさわしい思考法とみなせるかもしれません。

では、系統樹思考と分類思考とはどのように折り合いをつけるのでしょうか。基本的に、両者が互いに相容れない二つの世界観を代表していることは明らかです。世界は離散的な群から構成されているという分類思考は、その群がどのように生成してきたのかという系統樹思考からの問いに答えることはありません。

第2章で論じたように、生物の系統樹をある時空断面で切断したときに生じる離散的な群のパターンが分類構造である、というなだめすかしの「和解策」を立てることは可能でしょう。しかし、原初的な分類思考には、時空軸ということを考えることすら不可能かもしれません。むしろ、分類とは時間的な流れから超越するパターンを見いだすことを旨とすると考えたほうが、私はすっきりします。系統樹思考と分類思考とは、なまじっか融和させようなどと考えないほうがいいでしょう。

分類思考が静的かつ離散的な群を世界の中に認知しようとするのは、私たちが多様な対象物を自然界や人間界に見るとき、記憶の節約と知識の整理にとってたいへん有効な手法であると考えられます。そのような認知カテゴリー化は、記憶の効率化を通じて、私たちの祖先たちの生存にきっと有利に作用したでしょう。

ギリシャ時代以来の分類学や博物学、あるいは「存在の学」としての形而上学が、おしなべて、離散的な群の実在とその背後にある本質主義——それぞれの群にはそれを定義するエッセンスすなわち本質があるという考え——を長年にわたって強固に掲げ続けることができたのは、ほかならない分類思考が、私たち人間の精神に深く染み込んでいたからでしょう。発達心理学の研究によれば、幼い子どもたちは、生きものにはそれぞれ本質があるとみなしているそうです。本質主義と分類思考は、今もなおヒトを支配する生得的教義であると考えられます。

生物が時空的に進化するのだという進化的思考と系譜に基づく系統樹思考は、このような分類思考とも本質主義とも衝突する考えです。変化する系譜は静的な群からなる世界を根底から破壊します。

中世の形而上学で延々と論争が戦わされた「普遍論争」では、普遍（universal）としての「群」が実在すると主張する実念論者（realist）と、群ではなく個のみが存在すると主張する唯名論者（nominalist）が、それぞれ論陣を張りました。しかし、もちろん進化という概念そのものがなかった中世にあっては、カテゴリーとしての群が「変化」する（ましてやそれらが「進化」する）という選択肢はもとよりなかったはずです。

2　形而上学アゲイン——「種」論争の教訓、そして内面的葛藤

多くの自然科学者にとって、〝形而上学的〟という形容詞は、唾棄《だき》すべきナンセンスであって、ことば遊びという以上の積極的意味をもつことはほとんどありません。おそらく、中世の神学的な形而上学論争の中でも、「針の頭の上で何人の天使が踊れるのか？」

のたぐいのもっとも非生産的な部分だけが後世に悪名を残し、そのことが、形而上学そのものを拒否する姿勢を大部分の科学者にとらせている理由でしょう。

しかし、進化学や分類学の近年の哲学的論議では、たとえば「ダーウィンは唯名論者だったのか?」とか「種(species)は実在するのか?」というような、ことばの正しい意味での形而上学的な問題が繰り返し論じられています。さまざまな対象物の進化や系統を論じる上では、適切な形而上学の設問はいまなお論じる価値があるということです。

進化学や系統学にとって、「存在」を論じることはきわめて重要だと私は考えています。たとえば、「種」が実在すると言い切っていいのかどうかという問題は、まさに形而上学の問題です。本書ではほとんど触れることができなかったこの「種問題(the species problem)」は、それが生物学の問題であることを超越して、形而上学の問題だったからこそ、いまだに解決していないわけです。ある問題が個別科学としての生物学のレベルで未解決のまま放置されているとき、そこには生物学哲学が取り組むべき興味深い問題が潜んでいるとみるのが自然でしょう。

進化する実体、伝承される系譜、そして変化する系統が、存在論的にどのように意味づけできるのかという問題設定は、新しい形而上学を求めています。進化的思潮が登場する以前の旧来の形而上学を補足するかたちで、進化的な形而上学を構築するのは十分に可能なことでしょう。種問題もまた、マイケル・T・ギゼリンが数十年かけて論じてきたように、新しい形而上学の構築を必要としていました。長年にわたる種論争の集大成である彼の著書『形而上学と種の起源』(一九九七年)は、タイトルそのものがすべてを物語っています。

種問題をめぐる論争の錯綜ぶりを見るにつけ、「肉体化」した形而上学が科学者の意識に及ぼす深い影響を考えないわけにはいきません。

上述のように、「種」・「属」・「科」といったさまざまなレベルの分類カテゴリーが認知心理的なルーツをもつとき、「種は実在する」という言明がいかなる意味で発せられているのかは、注意深く論じる必要があります。それは必ずしも、データに基づく経験的言明として提示されているとはかぎりません。むしろ、分類学者の信念ないし願望がそこにある可能性も否定できないのです。

「種」の実在性を支持する心情とはいったい何か——それは時間的に変化する〝もの〟が、なお同一性 (identity) を保持し続けるだろうという、本質主義の再来です。進化的思考以前の形而上学の実念論的立場に従えば、ある「本質」を共有する群は強い意味で同一性を保つと主張します。しかし、進化的な思考をするかぎり、本質を仮定することは御法度ですから、現代進化学の舞台本からは本質ということばは消え失せます。ただ、ディヴィッド・ウィギンズらによる現代の分析哲学的な存在論の論議が示している通り、ある群が時空的に「同一」であるという主張は、どうあがいても本質主義的な結論に到達してしまうようです。つまり、ある群が時空的な同一性を維持するためには、何らかの「本質的属性」を共有し続けなければならないということです。これは進化的思考と正面衝突します。

無意識のうちに時空軸を貫く群の同一性を希求する思考は、ジョージ・レイコフがいう「心理的本質主義」の発現といえるでしょう。たとえ、進化的思考がリクツの上で本質主義は間違いである（「種は実在しない」）と主張したとしても、肉体化された心理的本質主義はその逆（「種は実在する」）を心情的に支持しているからです。

私たちは、生物としての人間であり、進化の過程でさまざまな肉体的特性と心理的特性を獲得してきました。ですから、心理的本質主義者としてのヒトと進化的思考者としてのヒトとは、表層的には矛盾するのですが、深層的には各自がそれぞれ折り合いをつけていくしかないのだろうと私は思います。

むしろ、みずからが心理的本質主義者であることに気づかずに、さまざまな形而上学的主張を経験的事実（あるいは原始仮定）として言い続けることにこそ問題があるのでしょう。私たちは本質主義に関してナイーヴであってはなりません。

3　系統樹リテラシーと「壁」の崩壊

「言語の経済学」という主張があります。人間があることばを学ぶことがどれほどの〝経済的利得〟をもたらすのか、ふたつの言語の間にそういう実利的な意味での〝経済的価値〟に違いがあるときにはどのような問題が生じるのか――フローリアン・クルマスが最初に提起したこのような問題は、「ことば」としての系統樹を考えるときにたいへん示唆に富んでいます。もしも系統樹が、ごく一部の専門的研究者にしか使い道のない、閉じた世界での秘儀的な呪文であったとしたならば、多くの読者にとってその「ことば」を学ぶ積極的意義は低いままでしょう。系統樹という「ことば」の〝経済的価値〟は乏しいということです。

しかし、本書全体を通じて論じてきたように、系統樹はごく一部のかぎられた世界での絶滅危惧言語ではなく、文系／理系を問わず、諸学問の「壁」を越えた共通言語（リンガ・フランカ）としての地位を固めつつあります。それは、単に系統樹ということばを使うことにより、個々の研究者の研究業績が格段に上がるとか、日常生活の中での利便性が大幅に増すということではありません（私はそれを否定するものではありませんが）。むしろ、これまで予想もしなかったさまざまな分野で、系統樹として共通のことばが使われているという認識（発見）は、それらの分野の間の橋渡しを可能にするということが重要なのでしょう。

まったく異なる分野で共通の「ことば」が用いられているという事実は、いくつかの波及効果をもたらします。それぞれの学問分野は歴史的な経緯に沿って、ある特定の問題群を対象とするように特化してきたわけですが、それらの分野をまたぐ共通語をもつということは、問題解決のためのアプローチを共有することができるということです。

さらにいえば、ある分野では未解決だった問題が、別の分野ではすでに解かれていたということもあるでしょう。たとえば、系統ネットワークの分岐と融合をどのように解決するかという問題は、生物進化・言語系統・写本系譜でそれぞれ生じ、個別に解決策が講じられてきましたが、現在では共通のアプローチが可能になっています。

もうひとつ、系統樹が共通言語として広まるにつれて、まだその言語が浸透していない分野でも、系統樹に基づく問題解決を試みてみようという気運が高まる可能性があります。たとえば、進化考古学の領域では、これまで文化進化に対する批判的な空気が色濃かったために、考古学的遺物に関する系統学的分析が立ちおくれていましたが、ここ数年の間に系統樹を前面に出した研究成果が蓄積されるようになってきました。

このように、系統樹という「ことば」を積極的に学ぶ価値は高まりつつあります。そして、目の前の系統樹を読み解くリテラシーをどの程度もっているかが、そこでは問われることになるでしょう。基本的素養としての系統樹リテラシーはもう常識です。

4 大団円——おあとがよろしいようで……

読者のあなたは、どのようなきっかけでこの本を手に取られましたか？ 世の中のおもしろいことは、たいてい誰の目にもとまらずひっそりとたたずんでいます。言われてみてはじめて「そうだったのか！」と膝を打つこともよくあるでしょう。街のいたるところにある〝変なもの〟を総称して〝トマソン〟と命名し、「純粋階段」とか「アタゴ」とか

「カステラ」という下位カテゴリーに分類した路上観察学（赤瀬川原平 1987）の成果を見るにつけ、そういう〝物件〟を発見し、命名した人間をうらやましく思うと同時に、人間が根源的にもつ蒐集と分類と命名への飽くなき欲求と、新たな分類体系化への妄執を忘れるべきではありません。

「分類思考者」としての人間は、単に文化的に獲得されたものではなく、私たちのルーツそのものなのです。もちろん、文化の影響も無視することはできません。古代中国で発展し、日本にも伝来した「正名」の思想は、事物に対して本質的に「正しい名前」をつけなければならないとまで言うにいたりました（西村三郎 1999）。トゥーランドット姫が、求婚者たる名を秘す王子の名をつきとめるまでは「誰も寝てはならぬ」と北京人民に命じたのは、プッチーニの有名な歌劇の荒唐無稽な脚本にすぎないとはいちがいに言えません。事物への、そして名前へのこだわりの底には、さまざまな「愛憎」があるのです。

その一方で、学問の世界から日常生活にいたるまで、これほど多くの系統樹が勢いよく繁茂していることは、私たちが「系統樹思考者」としてのもうひとつの側面をあわせもっていることを物語ります。前節で書いたように、分類思考と系統樹思考は互いに相矛盾する世界観であり、同一の思考平面上で両立することは不可能です。しかし、分類思考は認知心理的な感性であるのに対し、系統樹思考はアブダクションとしての推論であるとみなしてしまえば、同一の人間がある場面では分類思考者であり、別の場面では系統樹思考者であるというのは、けっして衝突することにはならないでしょう。

生きものとしてのヒトの思考様式や認知傾向、そして推論形式には、人間進化の過程で獲得されたさまざまな特性が残存しているはずで、その系譜の末端に位置するあなたの中にも、そういう一見互いに相容れないような感性や心理や確信がいっしょに混ざっているはずです。

本書では、読者のあなたに、「系統樹」というキーワードによって、どれほど新しい視点や切り口が見えてくるのか、今まであなたがよく知っていると思っていた世界がどういうふうにちがって見えてくるのかという点を強調して、話を進めてきました。あまりにも多くの話題を盛り込みすぎたのではないか、もっとテーマをしぼったほうがいいのではないかとあなたは感じたかもしれません。しかし、論点をしぼって自己規制しても愉しいことは何もないのです。ほんとうに意外なこと、気がつかなかったこと、誰もが見ているのに視野に入らないことを見つけていくというのが、サイエンティストである私の生き甲斐みたいなものです。本書を通じて「サイエンティストである私」の日々のささやかな楽しみ、そして世界との向き合い方を感じ取ってもらえれば幸いです。

系統樹はことばです——新しい「ことば」を身に付けることはいつでもわくわくするも

のです。これまで読み書きできなかった系統樹という「図形言語」が使えるようになれば、自分の視野が広がるから。そして、今まで知らなかった世界が系統樹という「共通語」で結びつくことを知れば、きっとあなたのいる世界そのものが豊かになるから。つまらない勉強ではなく、押しつけられた教養でもなく、使い古された常識でもない新鮮な知恵は、新しいことばと新しい視点から得られるのです。

だから、系統樹！

トゥーランドット姫：「誰がそのような強い力をそなたの心に与えたのか？」
女奴隷リュウ　　　：「姫君、それは愛でございます」
トゥーランドット姫：「愛とは？」

（ジャコモ・プッチーニ、歌劇〈トゥーランドット〉第3幕第2場）

あとがき

もう三年も前のことだ。JR牛久《うしく》駅近くのとあるレストランで、赤ワインのボトルが何本も転がるテーブル越しに、「新書を書きませんか?」という講談社の申し出をほいほい引き受けてしまったのが運の尽き。それ以降、これまで経験したことのない非日常的な執筆ライフを心ならずも満喫してしまった。

私の場合、専門書を書くときには、まずはじめに関係しそうな文献をすべてリストアップする。そして、想定される内容と土俵をイメージしてから、おもむろに書き始めるというのが定番のスタイルだった。私のこれまでの本は例外なく大量の引用文献が付いている。それは執筆スタイルを考えれば当然であって、本文よりも前に文献リストができあがった時点で、原稿書きにともなう肉体労働の山場は越えていたからである。

ところが、本書の執筆ではその定番スタイルはことごとく破壊されてしまった。大学の教員とはちがって、私のように独立行政法人の研究機関に所属している研究員は、メリハリのあるまとまった時間をとることは原則的にできない(長期の休暇とかサバティカルは夢のまた夢だ)。しかも、実年齢の単調増加とともに、降ってくる事務的な仕事の量もしだいに増えてくるので、ない時間がさらに削られることになる。必然の帰結として、執筆予定はずるずると延びてしまい、たまに編集部から連絡があっても、さながら〝蕎麦屋の出前〟みたいな冷や汗の対応となる。のらりくらりに業を煮やした現代新書編集部はついに、最後の手段に訴えることになり、担当編集者を〝刺客〟あるいは〝お代官様〟としてつくばに派遣し、強制的に〝原稿年貢〟を取り立てるという強硬手段を取るにいたった。

古典落語の世界だったら、借金の取り立てが晦日《みそか》の長屋に乗り込んできても、八っつぁんや熊さんはあわてて押し入れに隠れればよかったのだが、不幸なことに私の研究所には追いつめられた研究員が隠れられるような押し入れはどこにもない。窮鼠猫を噛むといったって、編集者にがぶっと噛みつくわけにもいかないので、これはもう何が何でも原稿を書くしかなくなってしまった。万事休すである。しかし、無い袖は振れない。無い時間は使えない。最初のうちは昼休みに地下書庫に隠れて書いたりして、何とか全体の半分くらいまでは進めたのだが、そういう小手先のやりくりではどうしようもなくなってきた。一点突破、全面展開のきっかけがどうしても必要だった。

ところが、そのきっかけは思わぬところから登場した。そう、二〇〇五年の夏に、秋葉原との間に「つくばエクスプレス（TX）」が実に悪いタイミングで開通してしまったことにより、編集部の〝お代官様〟が気軽に何度もつくばにやって来れるようになり、原稿取り立てのプレッシャーが痛いほどになった。TXは筑波山を目指す有閑観光客だけではなく、遅筆執筆者の天敵たる兇悪編集者をも運んでくるのだ。

TXが開通してからおよそ半年あまりの間に、本書の残り半分を書き上げた。お代官様がつくば駅に到着する直前数時間でがりがりと書くこともあれば、出張ついでに喫茶店に腰掛けてキーボードを打つこともあり、ついにはお代官様の真向かいの席で執筆するという、夢にうなされた〝作家‐編集者カンヅメお籠り〟まで体験してしまったのだった。つくば在住の研究者・執筆者は私の極限執筆体験の行間から学んでいただければ幸いだ。詳細は、私のウェブサイト（http://cse.niaes.affrc.go.jp/minaka/）に記録を残している。

と、まあ、そんなこんなで、私のいつものスタイルとはちがった本になったと思う。「系統樹」というたったひとつのキーワードを手にして私たちは旅に出たのだが、気がつけばまわりの風景がすっかり変わっていることに気づくにちがいない。進化生物学の業界に通じている読者であれば、それが学問的な意味での「系統樹革命」をもたらしたことを理解するだろう。本書で初めて「系統樹」について知った読者であれば、それがより広い知的世界へのパスポートであることを知るだろう。〈新世紀エヴァンゲリオン〉のオープニングで、カバラの「生命の樹（セフィロトの樹）」の図像が毎回テロップのように背後で流されていたことを思い出そう。イコンとしての「樹」は日々の生活の意外な場所にしっかりと根をおろしているのだ。

風のうわさによると「樹」はときどきものを言うそうだ――その声のささやきがあなたには聞こえるだろうか：〈From me flows what you call Time〉。系統樹を通して、さまざまなオブジェクトが変化しつつ伝承され、子孫に受け継がれてきた。まさに「時間」そのものが系統樹から溢れ出ているにちがいない。生物の進化も言語の系統も写本の系譜も遺伝子の系図も、すべては系統樹から湧き出る「時間」に従っているのだから。二千年以上もの長きにわたって自然をめぐる私たちの考えを縛ってきた「存在の大いなる連鎖」は、十八世紀になってようやく〝時間化〟されることにより、一方向直線的な進化の観念を生みだした。それと同じく、祖先子孫関係という由来のつながりによって階層的に構造化された系統樹もまた〝時間化〟されることにより、存在（パターン）から生成（プロセス）への遷移を遂げた。

本書を書くにあたっては何人もの方々から情報をいただいたり、励ましを受けたりした。インターネットや対面でのやりとりは、私にとって研究生活のかけがえのない一部となっている。しかし、ここは女奴隷リュウにならって、「お名前は私だけが知っております。その秘密を私の胸に秘めておくのはこの上もない喜びです」。みなさん、どうもありがとう。
最後になるが、〝お代官様〟こと講談社現代新書出版部の川治豊成さんは、本書の担当編集者として最初から最後までみごとな采配を発揮された。どうもありがとうございます。おかげさまで最後まで書けました。また、わが農環研の情報資料課（現・広報情報室）の地下書庫キャレルは、にわか作家の私をいつも暖かく受け入れてくれた。そして、最適な原稿執筆環境を方々で提供してくれた喫茶店たち――本郷の〈ルオー〉、神保町の〈さぼうる〉、北中島の〈Cafe de しっぽな〉、堺町筋の〈イノダコーヒ本店〉、いまは亡き吾妻の〈珈琲亭なかやま〉、そして各地の〈Tully's〉や〈Starbucks〉、その他方々――にはもう足を向けては寝られない。また、次の原稿を書きに行くからね。

二〇〇六年六月　〈トゥーランドット〉九月公演に向けて譜読みをする水無月

三中信宏

名を秘す王子：「Vincerò! Vincerò!」
（ジャコモ・プッチーニ、歌劇〈トゥーランドット〉第3幕第1場）

系統樹とふ進化の梢枝分かれ枝分かれつつ生命の樹よ

（結城千賀子『歌集　系統樹』二〇〇一年、p.160）

行、大修館書店［原書1992年］）
※世界の言語の間には経済的価値に如実なちがいがあることを冷徹に示した本。

赤瀬川原平『超芸術トマソン』（1987年刊行、ちくま文庫）
※見慣れたはずの日常が視点ひとつでがらりと変わる。新たな見方で〝分類〟することの愉しみが味わえる本。

西村三郎『文明の中の博物学：西欧と日本（上・下）』（1999年刊行、紀伊國屋書店）
※分類体系化という行為が人間社会とその文化の中でどのようなかたちを取り得るのかを広範な資料と一貫した視点で描ききった大著。とくに、中国や日本の分類思想の顕著な特質（「正名」理念に裏打ちされた個物至上主義）が指摘されていることに私は深い感銘を受けた。

エドワード・R・タフト（Edward R. Tufte）『Envisioning Information』（1990年刊行、Graphics Press）
エドワード・R・タフト（Edward R. Tufte）『Visual Explanations : Images and Quantities, Evidence and Narrative』（1997年刊行、Graphics Press）
エドワード・R・タフト（Edward R. Tufte）『The Visual Display of Quantitative Information』（2001年刊行、Graphic Press）
※ツリーやネットワークは図形言語としての性格を帯びている。タフトの3部作を読めば、「ことば」としての図形の雄弁さが身にしみて理解できる。それだからこそ、系統樹の「ことば遣い」には大胆さと慎重さがともに求められている。

信宏・矢原徹一『現代によみがえるダーウィン』（1999年刊行、文一総合出版、pp.153-212）
※「種（species）はない」と私が考えるにいたった論拠を挙げている。「種はある」とまだ信じている読者はぜひお読み下さい。アナタはきっと解放されるにちがいない。

◯愉しい雑学あれこれ

パウル・クレー（Paul Klee）『クレーの詩』（2004年刊行、平凡社、コロナブックス111）

ジャンバティスタ・ヴィーコ（Giambattista Vico）『学問の方法』（1987年刊行、岩波文庫［原書1709年］）

フランセス・A・イエイツ（Frances A. Yates）『記憶術』（1993年刊行、水声社［原書1966年］）

アーサー・O・ラヴジョイ（Arthur O. Lovejoy）『存在の大いなる連鎖』（1975年刊行、晶文社［原書1936年］）

ルネ・デカルト（René Descartes）『哲学原理』（1964年刊行、岩波文庫［原書1644年］）

フランシス・ベーコン（Francis Bacon）『学問の進歩』（1974年刊行、岩波文庫［原書1605年］）

ディドロ、ダランベール編『百科全書：序論および代表項目』（1971年刊行、岩波文庫［原書1751-1780年］）

山内昌之『歴史の作法：人間・社会・国家』（2003年刊行、文春新書）

フローリアン・クルマス（Florian Coulmas）『ことばの経済学』（1993年刊

ジョージ・レイコフ（George Lakoff）『認知意味論：言語から見た人間の心』（1993年刊行、紀伊國屋書店［原書1987年］）
※個人的には、この大著と出会ったことは私の「分類観」を大きく揺さぶる体験だった。伝統的な生物分類学の背後にある形而上学（すなわち「存在」の学）が進化的な思考と根本的に矛盾せざるをえないこと、いわゆる〝自然分類〟とは必然的に心理的本質主義を前提とすること、など自然界の体系化が抱える根本問題を論じている。

デイヴィッド・ウィギンズ（David Wiggins）『Sameness and Substance』（1980年刊行、Blackwell）
※〝正しい〟生物学者はきっとこういう形而上学本は見向きもしないだろうね。境界を侵犯したいアナタはぜひ手に取りましょう。存在の学が執拗に「本質主義」を延命させてきた経緯が手に取るようにわかる。1967年に本書の祖先本が出版され、2001年には改訂版が出ている。〝正しい〟意味での形而上学は本書をひもとくべし。

マイケル・T・ギゼリン（Michael T. Ghiselin）『Metaphysics and the Origin of Species』（1997年刊行、State University of New York Press）
※生物の「種（species）」とはいったい何なのか。私たちは日常的に「種って何？」という疑問に対して、直感かつ素朴なイメージでもって対処している。しかし、いったん「種」問題に深入りすると、単に生物学の範疇には納まりきらない、生物学哲学の「闇」が口を開けている。そのある部分は、私たちの認知的性向に帰すことができるだろう。また、別の部分は存在論に関わる形而上学や哲学にも深いつながりをもつだろう。いずれにせよ、「種」について論じるには生物学から発する哲学の提起がどうしても必要だった。ギゼリンをおいて他に適役はきっといないだろう。「種は個物（individual）である」という説を彼が世に問うてからすでに40年が過ぎた。その集大成である本書は「種」の形而上学を論じる誰もにとって必読書だ。打ちのめされてみるのも一興だろう。

三中信宏「ダーウィンとナチュラル・ヒストリー」、長谷川眞理子・三中

山下浩『本文の生態学：漱石・鷗外・芥川』（1993年刊行、日本エディタースクール出版部）
※作家の書く原稿のたどる系譜を具体的にあとづけている。テクストは進化する実体だ。

歴史学研究会編『系図が語る世界史』（2002年刊行、青木書店）
※家系図を共通のキーワードとして、世界のさまざまな社会の歴史を再検討した論文集。

◯認知心理学と形而上学

スコット・アトラン（Scott Atran）『Cognitive Foundations of Natural History: Towards an Anthropology of Science』（1990年刊行、Cambridge University Press［仏語原書1986年］）
※博物学（ナチュラル・ヒストリー）の根底には、ヒトとしての認知心理的な基盤があると主張する野心的な本。生物分類の認識人類的なルーツがどこにあるのかを論議する。自然を視るヒトの「目」はどのようにして進化的に成立しえたのか。生物分類学とその認知的な底流を無視することはできない。分類認知に関してナイーヴであってはならない。

ブレント・バーリン（Brent Berlin）『Ethnobiological Classification: Principles of Categorization of Plants and Animals in Traditional Societies』（1992年刊行、Princeton University Press）
※民俗分類体系のもつ通文化的な類似性を膨大なデータに基づいて明らかにした総括的論考。なぜ私たちは多様な生物を少数の分類カテゴリーに整理するのか、なぜ私たちは階層分類が好きなのか、などなどの本質的疑問は認知心理学によって解かれるべき問題だ。

ダグラス・L・メディン、スコット・アトラン（Douglas L. Medin and Scott Atran）編『Folkbiology』（1999年刊行、MIT Press）
※ヒトと自然の接点を人類学的にアプローチする「民俗生物学」は、生物分類と体系学を論じようとするとき、幅広い論議の土俵を用意する。

T・M・S・プリーストリ（T. M. S. Priestley）「Schleicher, Celakovsky, and the family-tree diagram」Historiographica Linguistica, 2: 299-333, 1975.
アウグスト・シュライヒャー（August Schleicher）「O jazyku litevském, zvláste ohledem na slovansky」Casopis Ceského Musea, 27: 320-334, 1853.
フランティシェク・ラディスラフ・チェラコフスキー（F. L. Čelakovský）『Čtení o srovnávací mluvnici slovanské na Universitě Pražské』（1853年刊行、F. Řivnáč）
※歴史言語学における系統樹の使用に関する総説論文と原論文２編。

堀一郎「民俗学的研究に於ける時代区分の問題ー民俗学的領域と方法」、日本文学研究資料刊行会編『柳田国男』（1976年刊行、有精堂）
岩竹美加子「「重出立証法」・「方言周圏論」再考（1）〜(3)」、『未来』(396): 13-21；(397): 6-16；(399): 30-35, 1999.
カールレ・クローン（Kaarle Krohn）『民俗学方法論』（1940年刊、岩波書店［原書1926年］）
※民俗学における文化系譜の分析もまた系統関係と無縁ではありえない。「もの」としての、あるいは「こと」としての文化がどのように進化し、伝播していったのかを探る方法論は系統樹に基礎づけられる。一世紀も前の民俗学者カールレ・クローンがそれを感じ取っていたのはおもしろい。岩竹の論考は批判的なスタンスで書かれているが、説得力はない。

J・G・R・フォーロング（J. G. R. Forlong）『Rivers of Life, or Sources and Streams of the Faiths of Man in All Lands; Showing the Evolution of Faiths from the Rudest Symbolisms to the Latest Spiritual Developments』（Two volumes. 1883年刊行、Bernard Quaritch）
※本との一期一会とはまさに本書のためにある言葉だ。琴線に響く古書に出会ったら、金銭のことは顧みず手に取りましょう。宗教の系譜をこれほど体系学的に論じた著作が一世紀も前に予約出版されていたとは。別添のどでかい「宗教系統樹」の前に平伏するのみ。

※系統樹革命は周辺領域にどんどん領土を広げていく。反進化的な文化人類学に支配されてきた人類学や考古学の分野でも、最近になって「系統樹思考」が浸透しつつある。人類の文化進化の産物である石器や土器などの系統関係を推定するという作業は、人間集団の遺伝的系譜や言語系統とからめて、とても魅力のある系統推定の場となりつつある。

ヘンリー・M・ホーニグズワルド（Henry M. Hoenigswald）「言語学」（所収：A・エレゴール他著『言語の思想圏』、1987年刊行、平凡社、pp. 74-131［原書1968年］）

ヘンリー・M・ホーニグズワルド、リンダ・F・ウィーナー（Henry M. Hoenigswald and Linda F. Wiener）編『Biological Metaphors and Cladistic Classification : An Interdisciplinary Perspective』（1987年刊行、University of Pennsylvania Press）

ピーター・フォースター、コリン・レンフルー（Peter Forster and Colin Renfrew）編『Phylogenetic Methods and the Prehistory of Languages』（2006年刊行、McDonald Institute for Archaeological Research）

※歴史言語学と生物系統学との共通問題を分野横断的に考察した先駆的な論文集。最近になって、この学際分野は再び脚光を浴びつつある。系統樹がもつ普遍言語（リンガ・フランカ）としての力を消し去ることはできない。

パウル・マーズ（Paul Maas）『Textual Criticism』（1958年刊行、Oxford University Press［独語原書1927年］）

※本文批判の近代的方法論を確立した本。写本系譜学の写本間の系統関係を推論する方法論は、時代的に生物系統学に先行するかたちで成立してきた。最節約基準に基づく本質的に同一の系統推定論が複数の学問分野で独立に開発されてきたことは、科学史的に見てたいへん興味深い。人間、考えることはたいしてちがいがないという月並みなオチではなく、より単純な仮説に説明的魅力を感じるヒトの思考様式の共通性がむしろ重要だろう。進化心理学の出番だ。

※科学者には、時として芸術家的な表現力が必要になる場面がある。これほどみごとに「系統」と「分類」との概念的関係を図示した論文はない。系統樹はりっぱなアートだ。

ロバート・J・オハラ（Robert J. O'Hara）「Homage to Clio, or, toward an historical philosophy for evolutionary biology」, Systematic Zoology, 37: 142-155, 1988.

※「系統樹思考」と「分類思考」という本書の基底をなす考えのもとになった論文。系統樹が指し示す体系化の精神が、ギリシャ時代以降の分類学の精神といかに対置させられるのかを明快に示した、示唆に富む論考。こういう論文を書きたいものだ。

ロバート・J・オハラ（Robert J. O'Hara）「Trees of history in systematics and philology」, Memorie della Società Italiana di Scienze Naturali e del Museo Civico di Storia Naturale di Milano, 27（1）: 81-88, 1996.

※「系統樹」の一般的なイメージについて、学生調査を通じて調べた結果が述べられている。系統樹は私たちの集合的無意識の底に潜んでいるのかな。そうだとすると、進化心理的な説明がきっとできるはずだ。

◯非生物の系統樹について

組版工学研究会編『欧文書体百花事典』（2003年刊行、朗文堂）

※それぞれの活字の系譜と変遷をたどった稀有の大著。こういう「活字進化」の論集が出るというのは驚きだ。

マイケル・J・オブライエン、R・リー・ライマン（Michael J. O'Brien and R. Lee Lyman）『Cladistics and Archaeology』（2003年刊行、The University of Utah Press）

マイケル・J・オブライエン、R・リー・ライマン、マイケル・B・シファー（Michael J. O'Brien, R. Lee Lyman, and Michael B. Schiffer）『Archaeological as a Process : Processualism and Its Progeny』（2005年刊行、The University of Utah Press）

Deutschen Botanischen Gesellschaft, 49: 328-348, 1931.
※植物学者「早田文蔵」の名前は国内よりもむしろ国外で知られているようだ。彼が台湾植物学に貢献していた頃の上記の主著は、今では閲覧することすら困難になりつつあるかもしれない。稀覯書であれば、なおさらそれを読みたくなるというのが書痴の書痴たるゆえんだ。天台宗の教義に則った彼の「動的分類学」は、科学史的にはすでに歴史の闇に沈んでいるが、印象的なネットワーク図は図形言語としての雄弁さをはからずも証明している。

H・J・ラム（H. J. Lam）「Phylogenetic symbols, past and present (being an apology for genealogical trees)」, Acta Biotheoretica, 2: 153-194, 1936.
※図形言語としての系統樹の歴史をたどった初期の論文。〝ことば〟としての「樹」は多くの研究者がさまざまな〝語義〟をこめて使ってきたことがわかる。とくに、初心者の系統樹ユーザーは系統樹は〝外国語〟であるという自覚をもって、系統樹リテラシーを磨くべし。19世紀以来の生物系統樹には、百年の功徳もあれば、百年の誤読もある。

ジュリオ・バルサンティ（Giulio Barsanti）『La scala, la mappa, l'albero: Immagini e classificazioni della natura fra Sei e Ottocento』（1992年刊行、Sansoni Editore）
※イタリア語で書かれているから知らなかったではすまない。知識の体系化のツールとして用いられてきた「階梯」、「樹」、そして「地図」の歴史についてこれほど広範にまとめられた本は他にはない。系統樹が人間の思想と思考の中にいかに深く根づいているかを認識するための一冊。ついでに一言：ウンベルト・エーコの警句「われわれに未知な珍しい言語で、決定的な著書がこれまでに書かれたことはないなどと、誰が断言できようか」（『論文作法』1991年、而立書房、p. 30）を忘れてはならない。言語に関しては極端に貪欲でありたい。

R・L・ロドリゲス（R. L. Rodriguez）「A graphic representation of Bessey's taxonomic system」, Madroño, 10: 214-218, 1950.

ジョン・R・ジョセフソン、スーザン・G・ジョセフソン（John R. Josephson and Susan G. Josephson）編『Abductive Inference Computation, Philosophy, Technology』（1994年刊行、Cambridge University Press）
ダグラス・ウォルトン（Douglas Walton）『Abductive Reasoning』（2004年刊行、The University of Alabama Press）
※アブダクションの現代的意義と研究の展開について詳細に論じている。人工知能（ＡＩ）の研究がアブダクションの推論様式のしくみの解明に寄与していたとはこの２冊を読むまでまったく知らなかった。

◯系統樹の図像学と歴史

エルンスト・ヘッケル（Ernst Haeckel）『Generelle Morphologie der Organismen』（全２巻、1866年刊行、Georg Reimer）
※系統樹を「アート」にしたのはほかならないヘッケルだ。ダーウィンとはちがって、溢れんばかりの画才に恵まれたヘッケルはみごとな系統樹をいくつも描画した。客観的根拠があやふやだと後世には批判されることが多いヘッケルの系統樹だが、図形言語としてひとつの極致を彼の〝作品〟に見ることができる。ヘッケルは偉大だ。

E・O・ジェイムズ（E. O. James）『The Tree of Life: An Archaeological Study』（1966年刊行、E. J. Brill）
※「生命の樹」の観念のルーツを考古学的に論じている。J・G・R・フォーロングの宗教系統学と内容の上で関係する。

Bunzô Hayata「An introduction to Goethe's Blatt in his 〝Metamorphose der Pflanzen〟, as an explanation of the principle of the natural classification of plants」, 臺灣植物圖譜・臺灣植物誌料・第拾巻、臺灣總督府民政部殖産局編, pp. 75-95, 1921a.
Bunzô Hayata「The natural classification of plants according to the dynamic system」, 臺灣植物圖譜・臺灣植物誌料・第拾巻、臺灣總督府民政部殖産局編、pp. 97-234, 1921b.
Bunzô Hayata「Über das „dynamische System“ der Pflanzen」, Berichte der

※歴史はただのレトリックでいいの？　本当にそれで歴史家たちの気がすむの？　後悔しない？　こういう短い論集を読むほどに、彼の主著『Metahistory』（1973年刊行、The Johns Hopkins University Press）がいつ翻訳出版されるのかが気がかりだったが、作品社からいずれ刊行されることになったようだ。

中尾佐助『分類の発想：思考のルールをつくる』（1990年刊行、朝日新聞社）
※個物崇拝者の多い日本の生物学者の中で、例外的にジェネラルな「分類論」を説いたのが〝照葉樹林文化論〟で有名な中尾佐助だった。早田文蔵の動的分類学に着目したり、図書や食事あるいは宗教の分類にも関心を向けた彼については、三中信宏「書かれなかった「最終章」のこと：中尾佐助の分類論と分類学について」（『中尾佐助著作集・第Ｖ巻：分類の発想』月報５、pp.1-4、北海道大学図書刊行会、2005年）の中で短く論じた。

ウィリアム・ヒューウェル（William Whewell）『History of the Inductive Sciences, From the Earliest to the Present Time』（全３巻、1837年刊行、John W. Parker）
ウィリアム・ヒューウェル（William Whewell）『The Philosophy of the Inductive Sciences, Founded upon their History』（全２巻、1840年刊行、John W. Parker）
※帰納諸科学の歴史と哲学を延々と論じたこの主著は、ヴィクトリア朝の読者になりきって読まないと退屈でしかたがないかもしれない。しかし、科学と科学哲学に関するヒューウェルの直覚には恐るべきものがあると私は感じる。

カール・R・ポパー（Sir Karl R. Popper）『科学的発見の論理（上・下）』（1971-72年刊行、恒星社厚生閣［原書1959年］）
カール・R・ポパー（Sir Karl R. Popper）『推測と反駁：科学的知識の発展』（1980年刊行、法政大学出版局［原書1963年］）
※何はともあれポパーです。好きでも嫌いでも、またいで通り過ぎてはいけません。とくに、生物体系学の近代史を理解するには必修科目。

sity of New York Press, pp. 19-53.
※この二つの論考が収められている論文集は、進化学と歴史学とが重なる領域を探究した先駆的な仕事のひとつである。自然科学と人文科学との共通問題を一つの俎上にのせて腑分けするという態度はいまなお汲むべきものが多い。

マイケル・T・ギゼリン（Michael T. Ghiselin）『The Triumph of the Darwinian Method』（1969年刊行、University of California Press）
※『〜の勝利』という実に威圧的なタイトルは、読む者に有無を言わせない迫力がある。ダーウィンの進化研究の方法論を科学哲学（とくにカール・ポパーの仮説演繹主義と個物性 individuality の形而上学）の観点から再検討した著作である。生物学哲学という研究分野が確立される以前にこのような著作があったという事実は、生物学や進化学の自然な延長線上に生物学哲学が成立したという後の経緯を先取りしている。

カルロ・ギンズブルグ（Carlo Ginzburg）『歴史・レトリック・立証』（2001年刊行、みすず書房［原書2000年］）
※ギンズブルグの歴史書は以前からひいきにしていたのだが、本書と次の論集を読んで以来、彼の主張が単に人文系の歴史学だけでなく、生物進化学が取り組んできた問題状況と深層で相通じるものがあることに気がついた。どちらの研究領域も「歴史」を推論するという共通の目標を掲げているからだ。

カルロ・ギンズブルグ（Carlo Ginzburg）『歴史を逆なでに読む』（2003年刊行、みすず書房）
※生物系統学では「形質データなんかあってもしかたがない」という極論はさすがに生き残れないが、相対主義的言辞が命脈をたもっている歴史学ではそうではないらしい。ヘイドン・ホワイト流の相対主義的歴史学に対決するギンズブルグの格闘ぶりは本書を読めばよくわかる。

ヘイドン・ホワイト（Hayden White）『物語と歴史』（2001年刊行、トランスアート市谷分室［原書1981年］）

勁草書房）
※歴史を推論するという行為は、科学哲学の立場からはどのように見ることができるのだろうか。進化学と系統学の背後にある生物学哲学の問題点をはじめて体系化して論じた本書は、いまだに類書がない。とくに、最節約原理の個別科学における働きについて詳細に分析しているところが参考になる。生物学と哲学と統計学の重なりに系統樹は萌える。

エリオット・ソーバー（Elliott Sober）『進化論の射程：生物学の哲学入門』（2009年刊行、春秋社［原書2000年］）
※え、「生物学哲学って何？」。でしたら、まずはこの本を読もうね。ローカルな個別科学である生物学に寄り添う生物学哲学の一つの姿がここに体現されている。1970年代に独り立ちした生物学哲学の第一世代に続く次世代の生物学哲学がどんなテーマに関心をもっているかを知るにはきっと向いているだろう。

スティーヴン・J・グールド（Stephen J. Gould）「Evolution and the triumph of homology, or why history matters」, American Scientist, 74: 60-69, 1986.
※生物の進化にかぎらず、一般に「歴史」がまっとうな科学的研究の目標たり得ることを説得力をもって示した論文。生物進化学とはまさに歴史科学であるという彼の主張は、もっと評価されていい。グールドというと「エッセイスト」としての面ばかりが強調されるきらいがあるが、60年という（現在の平均寿命からいえば）短い生涯ではあったが、彼が残した膨大な量の文章を織りなすさまざまな「糸」を読みほぐすのが〝グールド読み〟の醍醐味というものだろう。

レイチェル・ローダン（Rachel Laudan）「What's so special about the past?」, Matthew H. Nitecki and Doris V. Nitecki（eds.）『History and Evolution』, 1992, State University of New York Press, pp. 55-67.
ロバート・J・リチャーズ（Robert J. Richards）「The structure of narrative explanation in history and biology」, Matthew H. Nitecki and Doris V. Nitecki（eds.）『History and Evolution』, 1992, State Univer-

「Cladistic analysis or cladistic classification?: a reply to Ernst Mayr」, Systematic Zoology, 24: 244-256, 1975.]

ロバート・R・ソーカル（Robert R. Sokal）「Mayr on cladism and his critics」, Systematic Zoology, 24: 257-262, 1975.

※上記の３論文は1970年代の生物体系学論争の核となった。その余波は長く残響したが、その論争にミルフィーユのごとく畳み込まれた多くの「層」を解きほぐすのは今でも簡単ではないと思う。現場にいた生物学者だけではなく生物学史さらには生物学哲学の研究者との協力が不可欠だ。

デイヴィッド・M・ヒリス（David M. Hillis）「The tree of life and the grand synthesis of biology」, J. Cracraft and M. J. Donoghue（eds.）『Assembling the Tree of Life』, 2004, Oxford University Press, pp. 545-547.

※1990年代に大々的に進行した「系統樹革命」についての論考。ふと気がついたら周りは系統樹だらけだったということだ。パラダイム転換などというお手軽な概念をもちだして、この「革命」をわかったつもりになってはいけません。

三中信宏・鈴木邦雄「生物体系学におけるポパー哲学の比較受容」、日本ポパー哲学研究会（編）『批判的合理主義・第２巻：応用的諸問題』（2002年刊行、未來社、pp.71-124）

※生物分類と系統推定に関わる科学哲学的な問題点を論じると同時に、日本の体系学の研究者コミュニティに属する生物学者たちが科学哲学的問題に対してどのようなスタンスをとったのかを振り返る。哲学的論議はまたいで通り過ぎたい日本の研究者の多くが、せっかくの議論の機会をことごとく逸してきたのは印象的だ。この日本にかぎっては、生物学哲学はいまだ現場の研究者には到達していないという（やや悲観的な）結論を導いてしまった。もっと「攻め」の姿勢が必要だったかな。

○分類と系統に関わる生物学哲学

エリオット・ソーバー（Elliott Sober）『過去を復元する：最節約原理・進化論・推論』（1996年刊行、蒼樹書房［原書1988年］／2010年復刊、

パトリック・トール（Patrick Tort）編『Dictionnaire du darwinisme et de l'évolution』（全３巻、1996年刊行、Presses Universitaires de France）
※進化学全般に関する巨大な事典。理論、概念、人名など、ここでしか出会えない項目も少なくない。こういうレファレンス・ブックこそ備えておく必要がある。

◯現代体系学の様相と論争史

デイヴィッド・L・ハル（David L. Hull）『Science as a Process: An Evolutionary Account of the Social and Conceptual Development of Science』（1988年刊行、University of Chicago Press）
※科学哲学が今後進むべき一つのモデルを提示したという点で、この本は破壊的威力があったと私は思う。科学のダイナミクスと科学者のコミュニティに関する主張は科学［者］そのもののデータに照らして経験的にテストされるべきだという当然あるべき枠組みのもとに、この大著は書かれている。体系学者は生物学哲学者にとっての〝ショウジョウバエ〟なのか。本書が出てすぐに、〝ハエ〟の側からの反論があったことを付記しておこう（J. S. Farris and N. I. Platnick「Lord of the flies: the systematist as study animal」, Cladistics, 5: 295-310, 1989）。これまた、個別科学と科学論との相互的な関係を考える上で意味深だ。

三中信宏「Ernst Mayr と Willi Hennig：生物体系学論争をふたたび鳥瞰する」、タクサ（日本動物分類学会和文誌），(19): 95-101, 2005.
※故エルンスト・マイアーを中心とする現代体系学・進化学の「曼荼羅」を描いた。それは本書のインテルメッツォに転載した。

エルンスト・マイアー（Ernst Mayr）「Cladistic analysis or cladistic classification?」, Zeitschrift für zoologische Systematik und Evolutionsforschung, 12: 94-128, 1974.
ヴィリ・ヘニック（Willi Hennig）「Kritische Bemerkungen zur Frage „Cladistic analysis or cladistic classification?"」, Zeitschrift für zoologische Systematik und Evolutionsforschung, 12: 279-294, 1974. ［英訳：

たちはその全員が鬼籍に入ってしまった。マイアーは進化学の観点に立って生物のすべてを概観する一般書（本書のような）を書くことのできる最後の著者だったのかもしれない。彼はオーガナイザーとしての能力も秀でていたので、第二次世界大戦前後の混乱したアメリカの体系学・進化学界の中で、さまざまな研究者ネットワークをつくり続けた。

ウリカ・セーゲルストローレ（Ullica Segerstråle）『社会生物学論争史：誰もが真理を擁護していた（1・2）』（2005年刊行、みすず書房［原書2000年］）

※進化生物学の現代史を、社会生物学を軸に鳥瞰した大著。生物学史ってこんなにおもしろく書けるんだと納得する。大物進化学者たちが入れ替わり立ち替わり壇上に上がってはバトルを繰り広げる。単に、データの解釈や手法をめぐる対立ではない。もっと深い意味での科学観や思想信条が、サイエンティストたちの行動の背後にある。だからといって、ワタシはけっして〝社会構築主義〟に与《くみ》するわけではない。そんなものは豚に喰われろ。

スティーヴン・J・グールド（Stephen J. Gould）『The Structure of Evolutionary Theory』（2002年刊行、Harvard University Press）

※グールドの遺著となった1500ページに達する極めつけの大著だ。デイヴィッド・ハルの学問系統学の主張に対抗して、彼は学問には「本質」があるのだという興味深い論点を提示する（私は同意しないが）。ダーウィン進化学のいくつかの学問的パーツを腑分けすることにより、従来の自然淘汰理論を一般化し、彼の言う階層的な進化機構論に展開することを試みる。この大著を早く日本語で読みたいものだ。

ジャレド・ダイアモンド（Jared Diamond）『銃・病原菌・鉄：一万三〇〇〇年にわたる人類史の謎』（全2巻、2000年刊行、草思社［原書1997年］）

※人間の進化と系統を踏まえた比較法に基づいて世界文明の歴史を鳥瞰する。スケールの大きな大著。

※ダーウィンの秘められたるノートブックに書きこまれたさまざまな着想や直感は、そして何よりもその大胆さと慎重さの混ざり具合は、科学者のひとつの典型例ではないだろうか。

テオドシウス・ドブジャンスキー（Th. Dobzhansky）「Nothing in biology makes sense except in the light of evolution」, American Biology Teacher, 35 : 125-129, 1973.
※この論文タイトルは「家訓」としてぜひ額に入れて高々と掲げておこう。キリスト教と進化学との摩擦が絶えず表面化するアメリカで、生物教師に向けて著名な進化学者が発したメッセージ。タイトルだけでなく、ぜひ中身も読もう。

ジョナサン・ワイナー（Jonathan Weiner）『フィンチの嘴：ガラパゴスで起きている種の変貌』（1995年刊行、早川書房［原書1994年］）
※「生物進化は目撃できない」などとほざく輩には静かにこの本を差し出そう。フィンチの形態進化をさまざまな証拠から目撃したレポート。日本でもこういうサイエンス・ライターやサイエンス・コミュニケーターがどんどん育ってほしい。

ダニエル・C・デネット（Daniel C. Dennett）『ダーウィンの危険な思想：生命の意味と進化』（2001年刊行、青土社［原書1995年］）
※進化思想は、生物学のみならず、人文社会科学までもターゲットとして、じわじわと深く染み込んでいく「万能酸」であると論じた大著。現代の進化学の広い裾野を概観する上でとても重要な著作なのだが、翻訳の質がきわめて低いのは実に残念なことだ。翻訳能力もないのに翻訳書を出してはいけない。

エルンスト・マイアー（Ernst Mayr）『The Growth of Biological Thought: Diversity, Evolution, and Inheritance』（1982年刊行、Harvard University Press）
※現代進化学の礎をつくった創始者たちは、いずれも1900年代初頭の生まれだった。2005年1月に百歳の天寿を全うしたマイアーをもって、創始者

オラフ・R・P・ビニンダ－エモンズ（Olaf R. P. Bininda-Emonds）編『Phylogenetic Supertrees : Combining Information to Reveal the Tree of Life』（2004年刊行、Kluwer Academic Publishers）
※部分系統樹の組から全体系統樹を構築するスーパーツリー法をめぐる論議、生命の樹をつくろうとする試みは実現可能なのか、それともバベルの塔なのか？

ロデリック・D・M・ペイジ（Roderic D. M. Page）編『Tangled Trees : Phylogeny, Cospeciation, and Coevolution』（2003年刊行、The University of Chicago Press）
※複数の系統樹をつきあわせて高次の進化仮説（系統ジャングル）をテストするさまざまな手法を論じる。ひとつの系統樹が求まっても、まだ先があるのだ。

三中信宏『生物系統学』（1997年刊行、東京大学出版会）
※生物・言語・写本などを含む、すべての進化するものの系譜を推定するための方法論をこの本で論じた。何でもかんでも詰め込んだのは、若気の至りか（若くはなかったんだけど……）。今にして思えば、「生物～」という枕詞はあらずもがなだった。「系統樹の深み」にはまったアナタには、この本がいつでも待っています。

◯進化学全般

チャールズ・R・ダーウィン（Charles R. Darwin）『種の起原』（全２冊、1990年刊行、岩波文庫［原書1859年］）
※「生物進化」といえば誰でも延髄反射でこの本を思い浮かべる。しかし、誰もがその書名を知っているにもかかわらず、実際のところ一般にはほとんど読まれないというフシギきわまりない本。

チャールズ・R・ダーウィン（Charles R. Darwin）『Charles Darwin's Notebooks, 1836-1844』（1987年刊行、Cambridge University Press）

た表形学派だった。当時の代表的教科書である本書は、多変量解析のひとつであるクラスター分析を武器として、生物のグループ化を進めようとした。1973年に改訂版が出て、その日本語訳が1994年に出ている（『数理分類学』、内田老鶴圃）が、翻訳の質が低すぎて。

ナイルズ・エルドリッジ、ジョエル・クレイクラフト（Niles Eldredge and Joel Cracraft）『系統発生パターンと進化プロセス：比較生物学の方法と理論』（1989年刊行、蒼樹書房［原書1980年］）
ガレス・ネルソン、ノーマン・プラトニック（Gareth Nelson and Norman Platnick）『Systematics and Biogeography: Cladistics and Vicariance』（1981年刊行、Columbia University Press）
エドワード・O・ワイリー（Edward O. Wiley）『系統分類学：分岐分類の理論と実際』（1991年刊行、文一総合出版［原書1981年］）
※1980年代の生物体系学の標準的教科書３冊。いずれも定評のある本である。しかし背景知識のない初学者だった私にはとても〝敷居〟が高かった。

ジョゼフ・フェルゼンスタイン（Joseph Felsenstein）『Inferring Phylogenies』（2004年刊行、Sinauer Associates）
※系統樹の構築を統計科学の観点から考察した代表的教科書。分子進化の確率モデルと最先端の統計手法を駆使した統計学的系統学（statistical phylogenetics）の分野は本書によって確立された。厚い、重い、苦しい。

チャールズ・センプル、マイク・スティール（Charles Semple and Mike Steel）『Phylogenetics』（2003年刊行、Oxford University Press）
※系統学におけるグラフの諸問題を離散数学の立場から整理して体系化する数理系統学（mathematical phylogenetics）の現代的教科書。そのタイトルにうっかりだまされてはいけない。純粋に〝数学〟の本だから。薄い、軽い、成仏。本書やフェルゼンスタインの教科書を手にするたびに、体系学そのものが今なお変容し続ける学問分野であることを痛感する。生物学も数学も統計学も哲学も、すべてが体系学者の必須知識であり、日々、学び続けなければならないのだ。

さらに知りたい人のための極私的文献リスト

あまたの本たちに囲まれて暮らせるなら、本読みの人生はとてもハッピーです。この本では広範囲に散らかった分野の文献を参照しています。それらすべてを挙げることはとうていできないのですが、少なくとも文中で引用した主要な本や論文については、大まかなカテゴリーに分けて、それぞれ注記を添えておきましょう。読者のあなたにとってのさらなる読書のために多少とも参考になれば幸いです。なお、ここでリストアップした本の多くは、私の書評ブログ（http://d.hatena.ne.jp/leeswijzer/）で、より詳しい目次構成あるいは書評記事を掲載しています。日々更新していますので、インターネットで検索してみてください。

◯「体系学」全般

ヴィリ・ヘニック（Willi Hennig）『Phylogenetic Systematics』（1966年刊行、University of Illinois Press）
※半世紀前に生物体系学の大論争を巻き起こした「震源地」となった本。日本語訳の草稿はずいぶん前からすでに用意されているのだが、残念ながらいまだに出版にはいたっていない。

エルンスト・マイアー、E・G・リンズレー、R・L・ユジンガー（Ernst Mayr, E. G. Linsley and R. L. Usinger）『Methods and Principles of Systematic Zoology』（1953年刊行、McGraw-Hill）
※進化分類学の古典的教科書。1969年にマイアーの単著として改訂版『Principles of Systematic Zoology』が、さらに1991年にPeter D. Ashlock との共著として増補改訂版が同じ出版社から出された。

ロバート・R・ソーカル、ピーター・H・A・スニース（R. R. Sokal and P. H. A. Sneath）『Principles of Numerical Taxonomy』（1963年刊行、W. H. Freeman and Company）
※生物分類の数量化を半世紀前に強力に推進したのは、統計学に通じてい

た

な

索引

あ

か

さ

講談社現代新書　1849

系統樹思考《けいとうじゅしこう》の世界《せかい》――すべてはツリーとともに

二〇〇六年七月二〇日第一刷発行　二〇一八年四月一七日第七刷発行

著　者　三中信宏《みなかのぶひろ》

発行者　渡瀬昌彦

発行所　株式会社講談社

東京都文京区音羽二丁目一二―二一　郵便番号一一二―八〇〇一

電　話　〇三―五三九五―三五二一　編集（現代新書）

〇三―五三九五―四四一五　販売

〇三―五三九五―三六一五　業務

装幀者　中島英樹

印刷所　大日本印刷株式会社

製本所　株式会社国宝社

定価はカバーに表示してあります　Printed in Japan

N.D.C.201　294p　18cm

ISBN4-06-149849-5

「講談社現代新書」の刊行にあたって

教養は万人が身をもって養い創造すべきものであって、一部の専門家の占有物として、ただ一方的に人々の手もとに配布され伝達されうるものではありません。

しかし、不幸にしてわが国の現状では、教養の重要な養いとなるべき書物は、ほとんど講壇からの天下りや単なる解説に終始し、知識技術を真剣に希求する青少年・学生・一般民衆の根本的な疑問や興味は、けっして十分に答えられ、解きほぐされ、手引きされることがありません。万人の内奥から発した真正の教養への芽ばえが、こうして放置され、むなしく滅びさる運命にゆだねられているのです。

このことは、中・高校だけで教育をおわる人々の成長をはばんでいるだけでなく、大学に進んだり、インテリと目されたりする人々の精神力の健康さえもむしばみ、わが国の文化の実質をまことに脆弱なものにしています。単なる博識以上の根強い思索力・判断力、および確かな技術にささえられた教養を必要とする日本の将来にとって、これは真剣に憂慮されなければならない事態であるといわなければなりません。

わたしたちの「講談社現代新書」は、この事態の克服を意図して計画されたものです。これによってわたしたちは、講壇からの天下りでもなく、単なる解説書でもない、もっぱら万人の魂に生ずる初発的かつ根本的な問題をとらえ、掘り起こし、手引きし、しかも最新の知識への展望を万人に確立させる書物を、新しく世の中に送り出したいと念願しています。

わたしたちは、創業以来民衆を対象とする啓蒙の仕事に専心してきた講談社にとって、これこそもっともふさわしい課題であり、伝統ある出版社としての義務でもあると考えているのです。

一九六四年四月　野間省一